U0196137

咪妮和豆苞的故事

做个小小理财家

毛之价 / 著

少年儿童出版社

序

随着我国社会经济的发展，各种社会经济活动的活跃，城乡居民可支配收入的不断增长，银行、证券、保险等行业的金融服务已走进了国家机关、社会团体、企事业单位、商家和社区的千家万户，广泛地融入到社会的方方面面，与老百姓的工作和生活发生了越来越密切的联系。

人们在享受金融提供的服务和带来便利的同时，也往往会遇到由于对之缺乏了解而带来的一些困惑，会面临随之而带来的种种有关的金融风险。

因此，树立正确的财富观，学习、了解与银行、证券、保险等相关的财经知识，学习、掌握一定的理财技巧，增强对金融风险的防范能力，提升自身的财经素养，无论是对于个人、家庭，还是对社会、国家，都显得十分重要。

良好的财经素养已成为当代社会公民必须具备的能力。

少年儿童是国家的未来和民族的希望，是实现中华民族伟大复兴中国梦的生力军。让每一位少年儿童都能够茁壮地健康成长，是党和国家的期望，也是全社会千千万万家庭的共同心愿。

党和国家历来十分关心和高度重视对少年儿童的教育和培养。习近平总书记满怀深情地指出："孩子们成长得更好，是我们最大的心愿。"他殷切勉励我国少年儿童，要"热爱党、热爱祖国、热爱人民，努力成长为有知识、有品德、有作为的新一代建设者，准备着为实现中华民族伟大复兴的中国梦贡献力量"。

加强财经素养教育，培养广大少年儿童树立正确的人生观、财富观和价值观，更好地规划自己的人生，让孩子们了解有关银行、证券、保险等金融知识，具有金融风险防范意识，拥有良好的理财习惯和理财技能，从而增强未来创造美好生活的能力，成为一个有益于社会和国家的人，是我国广大少年儿童为梦想成真奠定扎实基础的一个重要方面。

加强少年儿童的财经素养教育，已成为社会、学校、广大家长以及孩子们的共识和迫切愿望。

显然，一本适合少年儿童阅读的优秀财经类读物，将有助于广大少年儿童财经素养的提升。然而，由于银行、证券、保险等有关的金融知识的专业性，不要说是少年儿童，就是一般的成年人，对于其中的一些内容也往往难以理解和领会。如何使财经类读物被少年儿童所喜闻乐见、易于理解和接受，长期以来成为教育界和出版界的一个难题。

如今，《咪妮和豆苞的故事——做个小小理财家》一书的问世，对于解决以上这一难题做出了有益的探索，该书行将受到学校和家长欢迎，成为深受广大少年儿童喜爱的一本优秀的财经类读物。

作者毛之价教授，具有既从事过教育又从事过金融这两个领域的跨界优势，是一位多年来深受我国少年儿童喜爱的作家。他有着长期从事教育工作的经历，曾经担任过上海师范高等专科学校的副校长，还曾经被上海市人民政府授予上海市优秀教育工作者的称号，并获得过上海市园丁奖。之后，

根据工作需要被调至金融领域，长期担任金融界企业的高级管理人员，是中国保险学会第七届理事会理事，还曾兼任上海市太平洋区域经济发展研究会副秘书长。几十年工作的历练，使毛教授在财经方面具有了比较扎实的理论基础和丰富的实践经验。

《咪妮和豆苞的故事——做个小小理财家》全书共27篇，作者按照财经素养教育的总体要求，根据自己工作和生活中的体验以及所见所闻，通过书中两位小主人公——咪妮和豆苞所遇到的种种经历，将涉及财经素养的观念、知识和技能等，融入深受少年儿童喜爱的27个生动有趣的故事里，内容包括银行、证券、保险在内的有关财经素养教育的方方面面，而且每一篇都贴近孩子们的生活实际。

在每一个故事的后面，作者还富有创意地设置了“毛爷爷的知识小宝库”以及“快快行动起来吧”两个专栏。作者将故事里讲到的有关财经素养的观念、知识和技能等提炼出来，放在“毛爷爷的知识小宝库”里供小读者学习。“快快行动起来吧”专栏则意在培养孩子们在学习理论知识以后的动手习惯以及实践能力。

据了解，尽管毛之价教授具有丰富的阅历，但是为了写好这本书，本着对小读者高度负责的态度，在撰写过程中，他还特地查阅了不少有关的学术专著和文献资料，多次与银行、证券、保险以及收藏界的专家学者一起切磋琢磨。

为此，我郑重地将《咪妮和豆苞的故事——做个小小理财家》这样一本适合少年儿童阅读的好书推荐给我国的中小学校、广大少年儿童及其家长。

期待作者有更多这样的好书问世！

资深金融专家。曾任中国人民银行上海市分行行长、国家外汇管理局上海市分局局长、上海证券交易所理事会理事长和上海市金融学会会长等职。

毛应樑

2022年7月8日于上海

NVI

目录

第一章 金融理财从小学起

第二章 货币的前世今生和银行储蓄

第三章 股票、基金和保险

第四章 收藏也能成为一种理财方式

许教授从南方讲学回来了

星期天一早,爸爸和妈妈带着豆苞去探望爷爷和奶奶。一见到爷爷,豆苞就着急地打听起许教授的行踪:“爷爷,听说许教授从南方讲学回来了?”

许教授是国内一所著名财经大学的教授。豆苞的爷爷和许教授是多年的老朋友了。许教授不仅学问好,而且特别关心学生。他为国家培养了好多好多金融方面的优秀人才,真可谓是桃李满天下!

“你有什么事情要找他吗?”爷爷猜测,孙子一定是有事要找许教授。

原来,豆苞在“小小理财家协会”里曾经说起过许教授。小伙伴们听了,都盼望能见到大名鼎鼎的许爷爷,请他给大家讲讲理财的窍门。

“小小理财家协会”是圆梦国际学校的一个课外活动小组。当初,为了让金融与理财知识早早地融入学生们的生活,为孩子们奠定实现理想人生的基础,学校帮助豆苞和他的同学成立了这个组织。“小小理财家协会”非常受同学们的欢迎!

爷爷很快就拨通了许教授家的电话,接着把话筒递给了孙子,说道:“快拿着,你自己和许爷爷说吧!”

话筒里传来了许爷爷慈祥的话语声:“是豆苞吗?有什么事情找我呀?”

当豆苞讲出了自己和同伴们的请求后,话筒里立即响起了许爷爷爽朗的笑声和话语声:“好!我非常愿意和你们这些小精灵一起聊聊!”

这一天,许教授如约来到了圆梦国际学校。张老师和豆苞代表同学们,早就在校门口等候了。

“欢迎您,许教授!”听说是许教授来给孩子们讲课,殷校长也来到了讲座的现场。

“许爷爷,哦不,许教授,我认为,对于我们小孩子来说,

要想理好财，那首先就要做到不乱花钱。”小胖第一个站起来发言。

同学们都知道，小胖平时爱吃零食，家长给他的钱，到他手里没几天就花完了。如今他有这样的认识，还真不容易！

小胖这一开头，课堂里的气氛立马就活跃了起来。大家你一言我一语地讨论起来。有的说，要理好财首先要养成记账的习惯；有的说，我买了个储蓄罐，把零花钱全都放进了这个储蓄罐里；有的说，我坚持参加储蓄；还有的说，上网购物省事又省钱……

细心的豆苞看看周围，他注意到，在同学们发言的时候，许教授，还有殷校长、张老师都在认真地听着。

“同学们说的都有道理。”许教授等同学们都说完后，清了清嗓子，评论道，“不过，你们要想成为名副其实的‘小小理财家’，那可还得下一番功夫！”

说着，许教授朝同学们看了看，发现孩子们都在用期待的眼光注视着他。“你们中有没有谁听说过‘不要把鸡蛋放在一个篮子里’这句话？”许爷爷略微停顿了一下，接着追问道，“如果有谁听说过这句话，那么你知道这句话是谁提出来的吗？还有，你知道这句话是想表达什么意思吗？”

豆苞觉得，好像妈妈和爸爸平时在讨论家庭理财计划时，两人时不时会提起这句话。但是，当时他并没有在意这句话到

底是什么意思，更不知道这句话的出处。

豆苞看了看坐在他边上的小胖，见他一脸茫然的样子。于是他又回头瞧瞧坐在他后面的同班同学爱丽丝，一位来自美国的姑娘。只见爱丽丝正微笑着轻轻地点头，看她这表情似乎是应该知道些什么。但是爱丽丝并没有开口。豆苞再悄悄地看了殷校长和张老师一眼，发现她们正脸带笑容看着大家。看来，她俩是明白的。

正当豆苞在左思右想的时候，许教授亲切的话语声打破了现场的沉静："同学们，'不要把鸡蛋放在一个篮子里' 原本是西方的一句谚语，后来被一位全球著名的投资家用来比喻投资理财的一种策略。" 讲到这里，许教授略微提高了音量，说道，"现在，我想把这位著名的投资家介绍给同学们，希望对大家有所启发。"

豆苞抬起头来看了看前面的讲台，看到张老师正协助许教授打开了投影仪。顿时，许教授背后的屏幕上出现了一位面目慈祥、睿智的老人。在肖像的下方写着一行文字：沃伦 · 巴菲特（Warren E. Buffett）。

"刚才那句谚语就是画面上的这位沃伦 · 巴菲特首先引入到投资理财方面的。" 许教授指了指屏幕上这位老人，开始转入了讲课的正题。他告诉孩子们，当今世界各地从事经济或者金融行业的人都知道沃伦 · 巴菲特的大名。

巴菲特于1930年8月30日出生在美国内布拉斯加州的奥马哈市。经过四十多年坚持不懈的努力，他在股票和企业投资方面取得了非凡的业绩，成为当今全球赫赫有名的人物。有些人甚至还称他为“股神”“世界上最伟大的投资家”，等等。

“有些同学是不是认为自己还小，还没到谈论投资理财的时候？”许教授告诉孩子们，传说巴菲特在年仅6岁时就对投资理财产生了兴趣。而在11岁时，他竟然奇迹般地购买了人生中的第一只股票，从此开始了漫长的投资生涯！

“由此可见，从小注重培养理财习惯的孩子，成年以后往往就会具备较强的投资理财能力。看来，学习投资理财也应该从你们抓起啊！”许教授语重心长地说道。

那么，巴菲特成功的诀窍到底有哪些呢？随着屏幕上图像的切换，许教授把巴菲特传奇般的事迹，一一向孩子们做了介绍。

许教授还告诉同学们，尽管巴菲特在投资理财方面的巨大成就使他成为了亿万富翁和著名投资家，但他还是一位热心慈善事业的爱心人士，因而受到了人们的尊重。

“你有什么问题吗？请说吧！”正当许爷爷要继续往下讲的时候，他看见讲台下有一个学生把手举得高高的，于是说道。

同学们不约而同地顺着许教授手指着的方向看过去。原来又是小胖！

“许教授，您好！您刚才介绍的巴菲特老爷爷的事迹以及他在投资理财方面的经验，的确对我有帮助。但是我想，我们国家是一个有着5000年悠久历史的文明古国，一定也有许多理财的高手吧？”许教授笑眯眯地听完小胖的发问后说道：“这位同学问得好！接下来我正准备向大家介绍这方面的内容呢！”这时，张老师已经配合许教授切换好了屏幕上的画面。

许教授结合屏幕上的画面告诉同学们，正如小胖所说的，我国的历史源远流长，早在远古时代，随着生产力的发展，社会财富有了剩余，人们就产生了投资理财的观念。“根据考证，‘理财’这一个名词在我国最早出现在《易经·系辞》这本古书里。这本书里有这样一句话：‘理财正辞，禁民为非曰义’。它的意思是说，对于财物的管理和使用要有正确的方法，其中禁止不合理的开支和浪费是理财最合宜的方法。”

随着屏幕上显示出来的画面，许教授逐一介绍起我国从古至今在投资理财方面的几位杰出的代表性人物。

“你们看，画面上这位是春秋末期的楚国人范蠡，被后人尊称为‘商圣’。”许教授指了指屏幕上的人物肖像继续说道，“范蠡先是帮助越王勾践灭了吴国，后来又弃政从商，他是我国历史上开创经商致富的典范。他所著的《致富奇书》等著作，至今还有值得我们借鉴的地方。”

许教授看了看讲台下面坐着的孩子们，发现小胖和他的

同学们都在全神贯注地听着他的介绍，又加重语气接着说了下去："据《史记》记载，范蠡还有一个难能可贵之处，尽管他身为一位杰出的政治家、军事家、谋略家、经济学家以及道家学者，但是他能淡泊名利，广散钱财救济贫民。"

"我说得对吧！早在两千多年前，我们国家就有了投资理财方面赫赫有名的大专家！"听许教授在台上介绍，小胖不无自豪地低声在豆苞的耳朵边说道。

"嘘，别插嘴！我们还是继续好好听许爷爷的讲课。"豆苞提醒小胖道。

许教授告诉大家，巴菲特也不是什么"股神"，他也有失误的时候。而且在投资理财的理念和实践方面，我国历来就不比西方差！随着屏幕上图像的变换，豆苞、小胖和同学们饶有兴趣地听许教授历数在历史的长河中，我国出现的许多投资理财方面的杰出代表人物，像唐朝的刘晏、北宋的王安石和苏轼，还有清朝的胡雪岩，等等。

"咦，这不是鲁迅先生吗？他和投资理财有什么关系吗？"爱丽丝指了指屏幕上显示的鲁迅肖像，好奇地问邻座的同学玲玲。爱丽丝和中国的同学一样，知道鲁迅是一位伟大的文学家、思想家，她清楚地记得毛泽东主席曾经有过一段非常著名的论述："鲁迅的方向，就是中华民族新文化的方向。"

像是知道同学们会有疑问一样，许教授告诉大家："鲁迅先

生也极善理财，在《鲁迅日记》这部著作里就记载着鲁迅先生日常生活中的各种收入和支出。”

许教授接着告诉同学们，当今我国各行各业都涌现出许许多多投资理财方面的高手和专家。他们都是值得大家学习的榜样。

时间过得真快，不知不觉之中，许教授的讲课已接近尾声。最后，许爷爷满怀深情地对孩子们说道：“希望在座的同学们将来都能成为投资理财的高手，无论是在工作岗位上为国家，还是在生活中为自己和家人！”

台下顿时爆发出一阵又一阵热烈的掌声。

范蠡（前536—前448），中国春秋末期的楚国人，政治家、谋略家、经济学家和道家学者。他强调投资要善于预测行情，抓住时机。他主张，当一种商品的价格贵到一个极限时要及时抛出，便宜到一个极限时要抓紧买入。他淡泊名利，乐善好施，广散钱财救济贫民。

刘晏（716—780），中国唐朝中期的一位杰出的理财专家。他对于唐朝中期的经济恢复和发展做出了巨大的贡献。

苏轼（1037—1101），又名苏东坡，中国北宋时期的文学家、书画家。他为官清正。在理财方面，他强调开源节流、量入为出，禁止生活中各种不必要的开支和浪费。

胡雪岩（1823—1885），中国清朝末期人。他出生在安徽的绩溪，是我国徽商的代表人物。他在杭州创立的“胡庆余堂”中药店传承至今，赢得了“江南药王”的美誉。胡庆余堂一名源自《易经》中的“积善之家，必有余庆”。胡庆余堂的成功离不开他诚信经营的致富观念和乐于助人的优秀品质。鲁迅先生曾评价他为“中国封建社会的最后一位商人”。

值得一提的是，胡雪岩在财力上坚决支持清朝政府抵御外敌入侵，为维护国家领土完整做出了不可磨灭的贡献。

鲁迅（1881—1936），原名周树人，浙江绍兴人，中国著名的文学家、思想家、革命家、教育家。同时，他也有着极强的经济意识，善于理财。他制订了明确的财务规划，其中包括切合实际的财务目标和日常必需的开支预算等。仅在《鲁迅日记》中，就有几千处是有关收入和开支预算的记载。

沃伦·巴菲特（1930— ），全球著名投资家。作为当代成功的投资家，

他对于投资理财以及人生的一些观点，具有一定的积极意义，值得我们研究和借鉴。例如，他提出“人需要长远的目光来看到人生与事业的长期价值，不要为眼前的蝇头小利所迷惑”。又如他鼓励人们要“坚持诚信，相信人格的力量”。他还说，“金钱在某种意义上说，那就是一个符号。我们追求它的，不是物质的奢华，而是人生乐趣与人生意义。”等等。

关于巴菲特的投资理念，人们可以从中受到启发的主要有以下几点：

一、要正确区分投资与投机，做投资者而不是投机者。

二、要保持理性。理性的人能学会如何避免错误，并从中捕捉到机会。

三、要保持耐心。在当今社会，有人渴望一夜暴富，一举成名。但一个人如果不能沉下心来做事，他一定不能把事情做好。

四、要坚持学习。通过阅读和思考，培养专注力。向成功的人学习，使自己变得更优秀。

有人称巴菲特为“股神”。其实，在当今市场上没有“神”，也不存在所谓的“神”。巴菲特之所以能够取得成功，只是因为他坚持了正确的投资理念，犯的错误更少。

1. 搜集整理3位古今中外投资理财能手的成功经验。

2. 询问爸爸和妈妈谁是他们在投资理财方面最佩服的人。

夸夸我的小账本

听说豆苞和咪妮都有一台属于自己的电脑，小胖真是羡慕极了！他打算把这个消息告诉妈妈，要妈妈也为自己买一台电脑。

但是，到底买一台什么样的电脑才合适呢？小胖心想最好还是去问问豆苞。“豆苞，听说你最近买了一台电脑，我也打算去搞一台来。只是，我不知道该买什么样的电脑比较合适。你能不能给我介绍介绍？”

豆苞本来就是个热心肠的孩子，听小胖为这事求他帮助，他当即痛快地答应道："行！今天下午一放学，你就跟着我，到我家去瞧瞧我的那台电脑，然后我再给你做些介绍。"

于是，当天下午一放学，小胖就跟着豆苞直奔他们家去。

"哇，真棒！"小胖听完豆苞的介绍，他决定买一台与豆苞这台一模一样的电脑。"这台电脑多少钱？我要问我妈要钱去买！"

"什么？你想向你妈要钱来买电脑？"豆苞感到有些吃惊。他追问小胖道，"你为什么不用自己的钱去买？"

豆苞告诉小胖："现在我们已经长大了，不能什么事情都依赖家长。自己能解决的事应该自己来解决。"

"刚才你不是告诉我，为了买这台电脑你花了不少钱吗？可我们如今还是学生啊，没有收入，哪来这么多钱去买电脑呀！"小胖追问豆苞道，"你没问你爸妈要钱？那你买这台电脑的钱从哪儿来的？总不见得是你自己的吧？"

豆苞见小胖脸涨得通红，一副着急的样子，连忙回答道："小胖，看你急成这副样子！是呀，我买这台电脑的钱真是我自己的，我的确没问我的爸妈要过一分钱。"豆苞接着又启发小胖道，"你的父母不也是按月给你零花钱用吗？而且逢年过节，估计你的爷爷奶奶，还有外公外婆他们还会给你压岁钱什么的。如果我们把这些钱积攒起来，积少成多，可以派上大用场呢！"

“零花钱？我还嫌零花钱不够用呢！哪有可能攒下这么一大笔钱？”小胖感到不可思议。

原来，小胖的爸妈平时并没有少给小胖零花钱，可因为小胖平时用钱毫无计划可言，所以根本就不可能攒下什么钱。他从父母那儿一拿到钱就花光。在放学回家的路上，感到肚子饿了，就走进路边的小店买个面包或蛋糕。要是吃完还不过瘾，就干脆再找家自己喜爱的面馆，点碗牛肉面吃吃。此外，小胖还爱吃零食，吃起瓜子、花生之类毫无节制。至于糖果、巧克力，那更是他的最爱。还有，只要小胖看到班上的同学有了什么新鲜的玩具，他一定会跟着去买。变形金刚、奥特曼、声光电冲锋枪……每当听说哪位同学又有了新的玩意儿，小胖的心里立马就痒痒的，恨不得马上也去把它买回来。

正是因为这样，每个月初小胖的妈妈给他的零花钱，还不到月底就被小胖统统都花光了。一旦遇到真正需要用钱的时候，他还得伸手再向父母要。如此这般，小胖哪里还会有什么余钱积攒起来！

“豆苞，你可真行！”自从上次听了许教授的讲课，如今又经过豆苞的这一番开导，小胖对于过去自己乱花钱的坏习惯感到很后悔。他决心从今以后再也不能像过去那样乱花钱了。

于是，他向豆苞讨教道：“快告诉我，你是怎样把买电脑的钱积攒起来的。我也要像你一样，用自己的钱买电脑。”

豆苞为好朋友的决定暗自感到高兴。但是,他觉得还是有必要提醒小胖:“可是,你先得把乱花钱的坏习惯给改掉!”

“是呀,我以后再也不乱花钱了。可是——”小胖挠了挠头皮,显得有些为难。他鼓足勇气向好朋友说出了自己心中的顾虑:“可是,一旦看到自己喜欢的东西,我担心我还是管不住自己。”

豆苞见小胖决心改掉乱花钱的坏习惯,当然愿意帮他一把。

“没事!我已经为你找了个好帮手,它会帮助你改掉乱花钱的坏习惯。”豆苞说道。

“你帮我找的那位好帮手到底是谁呀?”小胖感到很纳闷。

正在小胖四处张望的时候,豆苞转身从书桌的抽屉里拿出一个小本子递给了小胖。

“你看,就是这个。”豆苞指着这个小本子向小胖夸奖道,“这是我的理财小账本。它的作用可大着呢!”

豆苞让小胖打开小账本,请他边看边听自己的介绍:

“我在每个月拿到零花钱之前,先制订出一个月的用钱计划。例如,自己预先估计一下,这个月买学习用品和课外读物大概会用去多少钱;坐公交车得花多少钱;买点心和零食又会花去多少钱;等等。”

“计划有了,但得下决心把计划真正落到实处!要知道,行

动比制订计划重要得多!”接着,豆苞诚恳地向好朋友谈起了自己的体会,“其实,我以前也像你一样有乱花钱的坏习惯,一拿到钱就花光。为了帮助我改掉乱花钱的坏习惯,我妈特地抽空帮助我制订了一份每个月的零用钱使用计划。但是计划有了,只要我稍不留神,计划就往往会落空。”

“后来,是不是这个小本子最终帮你改掉了乱花钱的坏习惯?”小胖指了指豆苞的这本理财小账本问道。

“是呀,后来妈妈发现了我的问题,她就指点我做了这个理财小账本。我妈说,就让这个小本子来督促你执行好自己制订的计划吧。”豆苞跟小胖说道,“我妈要我认认真真地把每一天的实际花费记录在这个小本子上。我妈说,坚持每天记账,就能控制住不必要的开支。果然,在这以后我花钱就有计划了!”

听了豆苞的介绍,小胖感到自己今天的收获真是太大了。“好,我这就回去按照你说的,制订出每个月的花钱计划,再做一本像你这样的理财小账本,用它来帮助我改掉乱花钱的坏习惯!”小胖激动地攥紧拳头,对豆苞表示,“请你相信我,到时候我也会用自己节省下来的钱为自己买台电脑!”

小胖的这番话,豆苞相信。

毛爷爷的知识小宝库

学会记账是理财的基础。可以这么说，不会记账的人是很难理好财的。

对于家庭理财来说，有各种各样的理财软件可以使用。利用它来记账，往往只需要花费几分钟的时间，而且它还会帮你自动生成月度财务统计表，非常方便。

当然，对于少年儿童，我们不需要这么复杂的工具，使用带有横格线条的笔记本就可以了。

账本的具体格式可以设计为收入项目和支出项目两大类，每一类又各自包含“日期”“事项”“金额”“结余”“合计”等几个栏目。

在养成认真记账这一好习惯的过程中，有以下两点需要特别注意：一是不论金额大小，每一笔收入或者支出都要记录；二是定期（每个星期或是每个月）将账本里记录下来的内容归类后进行总结。例如，把支出区分为文具书籍等学习用品类支出、点心零食类支出以及公益爱心类支出等；把收入划分为零用钱收入、奖励收入、压岁钱收入以及理财收入等。在此基础上，看看之前这些支出是否合理，是否有可以改进的地方。

这样，借助记账本，自己就能对一个阶段以来的收入和支出了然于胸，从而为合理花钱、增加积累和投资理财奠定良好的基础。

为了便于收支明细的记录，可以在平时购物或是其他消费时养成保留购物发票或者消费小票的习惯。

快快行动起来吧

1. 在父母的帮助和指导下，设立一个记账专用小账本。借助这个小账本，督促自己养成勤俭节约、合理花钱的好习惯。

2. 清点一下自己手上的零用钱，回想并记录过去一周的开销，并计划未来一周的开销。

校园里的拍卖会

天气渐渐变凉了。一阵秋风吹来，银杏树上的叶子纷纷扬扬地飘落下来。顿时，学校小花园里的道路仿佛铺上了一层金灿灿的地毯，煞是好看！

午间休息的时候，小花园的亭子里聚集着一群孩子。人们走近一看，原来是豆苞、小胖、爱丽丝以及咪妮、颖颖他们！孩子们好像正在悄悄地议论着什么。

几年以前，豆苞他们就读的圆梦国际学校和我国西南边陲

Y省L县的一所乡村学校，建立起了扶贫帮困的姐妹学校关系。在老师们的精心指导下，豆苞他们一直和那所学校的学生保持着密切的联系，成为了好朋友。

今天这个集会是由豆苞发起的。现在正轮到咪妮发言：“Y省的山区那边马上就要下雪了。虽说L县已经整体脱贫，但是那边原先的基础比较差，如今各方面的条件还远不如我们，所以咱们还是应该像往年一样，向那里的学生伸出援助之手。”

原来，孩子们在讨论如何继续帮助姐妹学校的学生们。

咪妮是位十分有爱心的好孩子。以往几年，她积极发动同学们和她一起给那所学校的同学捐款、捐物，热心得很！

“是呀，我妈告诉我，上个星期天，咱们居委会的刘主任召集小区的业主代表开会，就是讨论怎样帮助刚刚脱贫的家庭过冬的事情。”小胖附和道。

爱丽丝看了看站在身边的娜塔莎、安娜和阿巴斯，征求起他们的意见：“怎么样？我们也绝不能落在后面！”安娜毫不犹豫地回答道：“我肯定会的！”娜塔莎和阿巴斯也连连点头表示赞同。娜塔莎来自俄罗斯，和爱丽丝在同一个班里，而安娜和阿巴斯则是咪妮的同班同学，他们俩分别来自英国和巴基斯坦。

讨论到最后，在场的孩子们一致认为，要像往常一样，继续向那所学校的同学献上爱心！

然而，怎样才能根据对方目前的实际需要来表达爱心呢？

小胖说：“我有一件去年奶奶买给我的崭新的羽绒服，舍不得穿，放在衣柜里一次也没穿过，最近我妈整理衣柜时拿出来，一比画才发现如今我已经穿不下了，我可以把它送给那里的同学。”有位同学说，几个月下来，他的储蓄罐里已塞满了钱，他可以把它们全都捐出来。

孩子们你一言我一语地又议论开了，气氛可真热闹！

豆苞在一旁一边认真听着小伙伴们的议论，一边思索着今年究竟该如何继续帮助山区那所姐妹学校的同学们。

豆苞想起上次跟爷爷去观摩拍卖会的场景。他记得，那天回家以后，当时就想发动“小小理财家协会”的同学们举办一次模拟的“拍卖会”，让小伙伴们都长长见识，学到些东西。后来，因为乱七八糟的事情多，这个想法给搁置下来了。

豆苞想，现在不正是策划举办一次模拟“拍卖会”的绝好时机吗？这样，一方面可以让“小小理财家协会”的同学有一次实践活动的机会，而且举办“拍卖会”募集到的“拍卖品”，最终又都可以捐赠给山区那边学校的学生们。这不是一件一举两得的好事吗？

于是，豆苞立即把他的想法告诉了大家。

小胖马上举起双手连声说道：“好！豆苞的这个主意好！我举双手赞成！”

“我同意！”咪妮那次也跟着豆苞和他的爷爷一起去观摩拍卖会了，她也赞成。

其他同学也都纷纷表示支持豆苞的倡议。因此，接下来大伙就议论起模拟“拍卖会”具体该如何筹办的事情了。

会议临近结束时，根据小伙伴们刚才的讨论，豆苞进行了总结：“咱们刚才讨论的模拟‘拍卖会’事关重大，我们得向老师汇报，征得学校的同意和支持。”

于是，下午放学以后，豆苞和咪妮作为大伙推举的代表，向张老师和朱老师详细汇报了中午会上讨论的设想。

听了豆苞和咪妮的汇报以后，张老师动情地表示：“举办模拟‘拍卖会’这个想法很有创意！这个活动体现了同学们对山区乡村孩子们的爱心，所以我和朱老师坚决支持你们！”

两位老师深知，加强财商教育对于未来人才的培养十分重要。正是因为这样，圆梦国际学校一贯重视帮助孩子们树立正确的金钱观。

“举办具有爱心公益性质的模拟‘拍卖会’，是符合校方办学思想的一项很有意义的活动，一定会得到学校领导的支持！”两位老师相信。

接着，两位老师还就活动策划中的一些环节提出了完善的意见。

“拍卖会”在一个星期天的下午如期举行。嘉宾席上坐着

殷校长、张老师、朱老师和其他好几位老师。

由于事先知道这场“拍卖会”是为了帮助脱贫不久的边远山区孩子们过好今年的寒冬，所以参加活动的同学还真不少！他们在家长的支持下，都早早地做好了充分的准备。

豆苞高兴地看到，许多家长也跟随自己的孩子来到了活动的现场。

豆苞看到小胖带来的“拍品”是一件崭新的羽绒服，他猜想，这可能就是那天小胖说的那件羽绒服。

“豆苞哥哥，你看我带来的这些书和文具可以吗？”豆苞转身一看，原来是咪妮！咪妮指了指手中提着的一个大包向豆苞打起了招呼。豆苞再转眼一看，咪妮的爸爸站在女儿的身边，笑呵呵地也在向他示意呢！

目睹着活动现场的这一切，豆苞觉得仿佛有一股暖流流遍了全身。他暗暗发誓，一定要把这场“拍卖会”举办好！

“请各位保持安静！‘献爱心拍卖会’现在正式开始！”这场模拟的拍卖会由豆苞担任“拍卖师”。接着，“拍卖师”向“参拍者”宣读了“拍卖会”的程序和“拍卖规则”。

“拍卖会”在有条不紊地进行着，时不时还会出现一阵阵“竞拍”高潮。

“你看，尽管这是场模拟的‘拍卖会’，场上没有真正意义上的现金交易，但孩子们的表现个个都是有模有样的。”张老师

和朱老师在嘉宾席上悄悄地议论着。

“啪！”随着豆苞手中的小木槌在“拍卖桌”上敲击出清脆的响声，最后一件“拍品”经过几轮“竞拍”顺利“成交”了。

在一阵热烈的掌声过后，殷校长走上前来为这场“献爱心拍卖会”做了精彩的总结：“各位同学，我校今天举行的首场‘献爱心拍卖会’圆满结束！通过这场‘拍卖会’，你们不仅增长了才干，还体现了你们对远方山区同学始终不变的爱心！在这里，我代表我们学校，也代表山区姐妹学校的师生，向同学们和到场的家长们表示热烈的祝贺和衷心的感谢！”

面对着这群可爱的孩子，因为感动和高兴，殷校长说着说着，泪水充满了她的眼眶。

毛爷爷的知识小宝库

拍卖是人类社会特殊的商品交易方式，被当今世界各国广泛采用。

在我国，拍卖是指以公开竞价的形式，将特定物品的财产权利转让给最高应价者的买卖方式。传统的拍卖通常是通过举办拍卖会来进行的。根据规定，拍卖应该符合以下几个条件：

1.被拍卖的商品的价格不固定，该商品最终由出价最高者获得。

2.拍卖活动必须有两个以上有意向的买主参加，只有这样才能形成竞争。所以，也有人把“拍卖”称为“竞买”。

3.必须遵循公开、公平、公正的原则。

正规的拍卖会的流程大致可以分为4个阶段，依次为：委托拍卖、发出拍卖公告、拍卖交易以及拍卖成交。

现在，一些中小学校或者社区，以模拟的“拍卖会”为载体，融入爱国主义、助人为乐和献爱心等主题教育内容，举办由学生自己组织和参加的模拟“拍卖会”，起到了很好的效果。

在学校老师或者社区志愿者的指导下，由孩子们自行担任“拍卖师”以及“参拍者”。“拍品”则来自孩子们自己的书画作品，或是新旧书籍，学习以及生活用品等。

模拟“拍卖会”深受广大少年儿童的喜爱。孩子们怀着新奇、愉悦的心情参加模拟“拍卖会”，不仅了解了拍卖这种人类社会特殊的商品交易方式，而且还增长了财经知识，开阔了视野。

1.去网上找一些书画、古董藏品拍卖会的资料看看，拍卖竞价的过程是不是很紧张？

2.在学校老师或者居住小区的居委会/村民委员会的支持下，选定一个主题，与同学们一起策划并举办一次模拟的“拍卖会”。

鸡蛋和篮子的故事

一个周末的清晨，咪妮和豆苞相约一起去社区的网球场晨练。走着走着，咪妮突然放慢了脚步，她指了指前面不远处正在散步的一位老人的背影，对豆苞轻声说道：“你瞧，那不是顾爷爷吗？”

“真的，好像真是他呢！”豆苞跟在老人的后面，又仔细观察了一会儿，这才肯定地说道，“确实是顾爷爷！自从上次他从医院出院以后，我有好久没有见到他老人家了。”

豆苞和咪妮都知道，顾爷爷是社区里赫赫有名的炒股高手。但是在去年股市发生剧烈波动时，他遭受了巨大的损失，亏得很惨。由于顾爷爷原本就患有心脏病，这一打击使他的心脏病又发作了。幸亏医护人员抢救及时，这才保住了一条命。

顾爷爷对人和气，人缘很好。自从顾爷爷住院以后，豆苞和咪妮与社区里的邻居们都非常惦记顾爷爷，于是两个小家伙赶紧追了上去。

顾爷爷这时正哼着歌曲，优哉游哉地在小区的林荫小道上散步。当他听到身后传来的脚步声，禁不住停下脚步转身向后张望。

“呵，原来是豆苞和咪妮你们这两个小家伙呀！”顾爷爷高兴地招呼他们俩，“快过来！看你们俩，好久不见又都长高了！”

“顾爷爷您好！”见顾爷爷在喊他们，豆苞和咪妮连忙跑上前去向顾爷爷表示问候。

“谢谢你们，现在我身体可硬朗着呢！”看上去，顾爷爷的心情很好，身体也恢复得不错，“哦，豆苞，你见到你爷爷的时候，请一定要告诉他，我现在身体很好，谢谢他对我的关心！”

顾爷爷向豆苞交代完，又转身对咪妮说道：“咪妮，你也一样，别忘了代我向你妈道个谢，请你告诉她，我现在身体恢复得很好！”

你说巧不巧？豆苞晨练结束回到家时，正在厨房忙碌着的

妈妈欣喜地告诉他:“你爷爷和奶奶特地来看望我们了!”

“爷爷奶奶,你们好!”豆苞连奔带跑地进了客厅,见爸爸正在和爷爷奶奶聊天,他亲热地上前向两位老人家问好,又接着说道,“爷爷,我刚才遇到顾爷爷了,他要我代他向您问好。”

“哦,邻里之间相互帮助是应该的!我呀,只不过是去他家看望时,给他讲了个小故事。”豆苞的爷爷说道。

“老爸,您给顾大爷讲了一个什么故事,他还特地要对您表示感谢?”豆苞的爸爸对于爷孙俩的谈话产生了兴趣。

“我和顾大爷讲了个关于‘鸡蛋和篮子’的故事。”豆苞的爷爷知道豆苞父子俩一直很关心顾大爷,于是就把自己去看望他的事情原原本本地告诉了他们父子俩。

原来,顾大爷作为社区里大家公认的炒股高手,上次竟然在股市里跌得那么惨,这对于顾大爷是个巨大的打击!然而顾大爷并不服输,他决心要好好总结一番,重整旗鼓。

顾大爷知道豆苞的爷爷是位资深的金融专家,如今见豆苞的爷爷上门来慰问,真是机会难得!他要抓住这个难得的机会,好好向豆苞的爷爷请教。

讲到这里,豆苞的爷爷停了停,转过身来对豆苞说:“你听说过‘不要把所有的鸡蛋放在一只篮子里’这句话吗?它的意思是,如果你把鸡蛋全都放在一只篮子里,万一不小心摔了篮子,那么鸡蛋就全都完了。而如果你把鸡蛋分散放在几只篮子

里，万一摔了一只篮子，别的篮子里的鸡蛋还是完好无损的。”

爷爷对豆苞继续说道：“把这句话运用在投资理财方面，它的意思就是告诫人们，投资理财要注意分散风险，最好将资金投放于不同种类的资产上，进行资产组合。”

“老爸您说得对！我们的祖先早就提出，在投资理财时必须注意分散风险，而现在国内外的许多金融专家也是这么主张的。因此，我和豆苞他妈早已把我们家的投资理财方案及时进行了调整。”豆苞的爸爸继续说了下去，“就拿基金来说，我们了解到它里面的种类有好几种，有股票型的，有债券型的，还有混合型的，不同的基金所蕴含的风险有大有小，有涨有跌，各不相同。所以我们按照分散风险的要求重新进行了配置，尽管目前它们中有涨有跌，但总体的资金回报情况还是不错的。”

听了儿子的话，豆苞的爷爷满意地点了点头。然后他告诉豆苞父子俩，当时他是借助“鸡蛋和篮子”的故事，建议顾大爷要合理分散投资风险，将资产重新进行配置。

豆苞的爷爷建议顾大爷：不要只专注于股市，可以根据自己的实际情况和风险承受能力，适当购买一些银行理财产品、债券、基金、保险甚至黄金等，来有效分散投资风险，达到资产保值增值的目的。

“如今也有专家不同意刚才我们说的那种观点，他们提出‘把所有的鸡蛋放在一个篮子里，然后小心翼翼地看好这只篮

子’。”豆苞的爷爷把话题一转，向豆苞父子俩介绍起另一种观点。

介绍完之后，豆苞的爷爷见他们父子俩都不说话，继续说了下去：“我看呢，这种观点也有一定的道理。问题在于你有没有看好这只‘篮子’的胆识与能力。”

豆苞的爷爷告诉豆苞父子俩，在看望顾大爷的时候，他把这种观点也介绍给了顾大爷。“什么事情都不能一概而论。当时我对顾大爷说，你是炒股高手，估计当初你在炒股时，把所有的资金都集中押在了你看中的那几只股票。这样做，风险比较集中，资金回报率也高。但问题在于，如果万一没看准，那损失就会很大。”

“老爸，刚才听豆苞说，顾大爷目前的心情很好。我估计他是采纳您的建议后，及时调整了资金的安排，尝到了甜头。”豆苞的爸爸猜测道。

豆苞在一旁认真地听着爷爷和爸爸的谈话。他发自内心为顾爷爷感到高兴！

关于鸡蛋和篮子的故事，豆苞大致上听明白了。豆苞觉得，故事里蕴含的道理还真管用！“我要好好学金融知识，碰到不懂的，就随时向爷爷和爸爸请教！”豆苞自言自语道。

毛爷爷的知识小宝库

投资理财的目的是获取收益，也就是人们平时所说的要赚到钱。然而，风险无处不在，投资理财同样也存在着风险。也就是说，投资理财收益的获得，在许多情况下具有不确定性，投资者有可能赚到钱，但也有可能会赔钱。一旦处理得不恰当，甚至会给投资者带来重大的损失。这种投资理财收益的不确定性，人们把它称为投资风险。

那么，如何才能应对投资理财的风险呢？其中一个重要而且有效的措施，就是通过采用分散投资来分散风险，从而达到整体上的平衡，实现投资理财的保值、增值目标。

文中“不要将你所有的鸡蛋全都放在一只篮子里”这个比喻，讲的就是分散投资这个原则。

根据分散投资这个原则，我们可以制订出许多种投资理财组合。

例如，从资金收益安全性方面考虑，购买一定比例的风险较低的产品，包括定期储蓄、债券型基金以及养老保险等；如果你的风险承受能力较强，那你可以在以上基础上配置股票或是股票型基金等。即使是投资股票或者股票型基金，也可以采用分散投资这个原则。例如，在投资股票时，可以选择3~5只不同的股票进行组合。对于股票型基金，同样可以类似股票，将不同的几个基金进行组合。

为了应对流动性风险，在资金配置时，我们可以把一定比例的资金投向活期存款、短期的定期存款以及货币市场基金等。

快快行动起来吧

如果可能的话，请你的爸爸妈妈谈谈，在投资理财方面，他们是如何合理配置资产，规避风险的。

“投资”可以不用花钱

每个星期五下午，是圆梦国际学校“小小理财家协会”的活动时间。这个星期当然也不例外。

在学生课外活动室里，小伙伴们正在热烈地讨论着什么。咪妮不经意地抬头朝活动室门口看了一眼，忽然发现同班的同学山妮，正站在那里怯生生地朝活动室里张望。于是她赶快走了过去，关心地问道：“山妮，你有什么事吗？为什么站在门口不进来呀？”

察觉到咪妮的动静，豆苞转过身来朝门口看了看。咦，站在山妮身边的不正是自己的同班同学虎子吗？于是，豆苞也走了过去。

山妮和虎子都是插班生。他俩跟随各自的父母来到这个城市不久。山妮来自我国南方Y省的山区，而虎子则来自我国西北G省南部的山区。

原来，山妮和虎子刚才经过活动室门口时，发现里面很热闹，又看到自己班上的好多同学都在里面，于是他俩停住了脚步，好奇地朝里面张望起来。

“外面冷，快进屋吧！”豆苞和咪妮转身询问大家的意见，“这是我们的同学，可以请他们也参加我们的活动吗？”

小伙伴们哪会不同意呀？欢迎都来不及呢！小胖还热情地邀请山妮和虎子加入自己的小组。

“可是，可是我们家里的经济条件不怎么好——”虎子左思右想，说出了自己的顾虑。

“是呀，我家也一样。”山妮在一旁怯生生地附和道。

见此情景，小胖连忙安慰道：“一下子拿不出钱来参加储蓄这不要紧！我们可以先参加一些同样有趣又有意义的活动。”他边说边小心翼翼地拿起桌子上放着的一幅画，展示给山妮和虎子看。

小胖开始向山妮和虎子介绍起这幅画：“我的爷爷退休以

前在天津杨柳青镇工作。这幅画是爷爷当年最得意的一幅作品。”小胖在介绍完这幅作品后又兴奋地说:“它呀,是在我十岁生日时,爷爷送给我的生日礼物!”

“我爷爷还告诉我,作为中国四大木版年画之首的杨柳青年画,是我们中华民族的民间艺术珍品,享誉海内外。而且被列入第一批国家级非物质文化遗产名录。”小胖说道。

见山妮和虎子用羡慕的眼光细细欣赏起小胖的这幅年画,咪妮在一旁告诉他俩:“小胖的爷爷后来又帮小胖收集了好几幅杨柳青年画。他爷爷还特地叮嘱他,说是这些画现在可值钱了,要他收藏好。”

咪妮一回头,发现小胖正美滋滋地在边上听自己夸他的画,于是转过身去,用调侃的口吻对山妮和虎子说道:“所以咱们可千万别小看小胖,如果他把他多年收藏的这些杨柳青木版年画卖掉,他可就成了咱们这里的头号富翁了。”

咪妮这是在故意逗逗小胖。

“你俩可千万别听她瞎说!爷爷嘱咐我的话我当然牢记在心,我怎么会轻易把这些宝贝卖掉呢?”小胖并不知道咪妮这是在和他开玩笑,急忙辩解道,“爷爷给我的这些画,在我的心目中都是无价之宝!”

其实,此时的小胖还真不是想炫耀自己的年画,而是想能为虎子帮上忙。“虎子,我好像听你说起过,你的叔公在四川绵

竹也是做木版年画的。听说那里的木版年画在国内也很有名气。我建议你和你的叔公联系一下，今后你也和我一样收藏年画。你说呢？”

虎子跟随父母离开家乡刚来到这座陌生的城市时，感到十分不习惯。但是慢慢地，他觉得邻里、学校的老师和同学，对他就像亲人似的。如今，他已经开始喜欢上这座城市和这里的人们。

眼下，虎子看到小胖他们这么热心地为他出谋划策，原先紧锁的双眉渐渐舒展开来，一股暖流涌上心头，他浑身上下都感到暖洋洋的。

细心的安娜看到山妮只是在一旁默默地听着小胖和虎子的对话，始终没有说话。安娜猜想，山妮对于参加“小小理财家协会”的活动是有兴趣的，她不说话，要么是对木版年画不感兴趣，要么就是她不具备收藏年画的条件。

对！山妮多半是觉得自己没有条件收藏年画！安娜环顾四周，认真地思索着，她想帮助山妮。很快，她的目光停留在站在不远处的爱丽丝身上。

安娜悄悄地走到爱丽丝的身边，拉了拉她的衣角，又朝山妮指了指，低声说道：“走，我们过去帮山妮出出主意。”

“你是不是对收藏木版年画没有兴趣？”安娜和爱丽丝走到山妮面前，热情地和山妮打起了招呼，“山妮，虎子跟小胖有

他们的藏品,我们可以收藏其他东西呀!"

说着,安娜将站在身旁的爱丽丝介绍给山妮:"这位是爱丽丝,她是豆苞的同班同学,来自美国。"爱丽丝热情地伸出手来握了握山妮的手,向山妮介绍道:"你好山妮!我和安娜、豆苞他们都是标本收藏爱好者。我给你看样东西,不知你是否喜欢?"说着,爱丽丝从拎包里拿出一只相框递给山妮。

相框里镶嵌着一只色彩斑斓的蝴蝶!

山妮盯着相框里的蝴蝶仔细打量起来。只见蝴蝶亮橙色的翅膀上衬着黑色的斑纹,周围宽阔的黑色边缘还布有许多白色的斑点。"哇!好漂亮的蝴蝶!"她不由自主地轻声赞叹道。

"这只蝴蝶是我妈送给我的标本。"爱丽丝热情地介绍起这只蝴蝶的来历。

"这就是标本?标本是怎么做的?"山妮还是第一次听说,感到十分好奇。

"标本就是动物、植物、矿石等实物,采用风干、真空,或者化学防腐处理等方法,尽可能地保持它的原貌,使它能够长久保留下来而制成的作品。"说起标本,爱丽丝俨然就是位标本制作专家,"标本的用处可大着呢!标本可以用于欣赏、展览、教学示范、研究鉴定等。"

"哦,我差点忘了告诉你,许多制作精美的标本还具有收藏价值呢!"爱丽丝想了想,又补充说道。

“安娜，你赶快把你的那只蝴蝶标本拿出来也给山妮看看！”见山妮对标本产生了兴趣，爱丽丝在一旁提醒道。

安娜告诉山妮，采集蝴蝶在他们国家是一项非常流行的爱好，至今已有几百年的历史了。“我们国家的蝴蝶品种可多着呢！其中要数孔雀蛱蝶、蓝美灰蝶等最有名。但是要注意的是，我们绝对不能捕捉受国家保护的蝴蝶！”

“如果你们不说，我还真没想到呢！原来把这些漂亮的蝴蝶做成标本，可以把它们保存下来，供大家观赏、研究，而且还有收藏价值，这真是太好了！”听了爱丽丝和安娜的介绍，山妮对于标本收藏产生了浓厚的兴趣。

“怎么样？那你就参加我们标本收藏小组的活动吧！”爱丽丝向山妮发出了邀请。爱丽丝的邀请正合山妮的心意。“在我的老家，大山里有许多蝴蝶。特别是在春天，漫山遍野都是翩翩起舞的蝴蝶。在这些蝴蝶中，应该会有不少蝴蝶可以拿来做成标本，你们说呢？”山妮问道，并开始和爱丽丝他们讨论各自家乡都有哪些漂亮的蝴蝶。

正当三位小伙伴在起劲地交谈着的时候，安娜突然发现，咪妮正站在她们身边悄悄地在“偷听”她们的交谈呢！

咪妮也热情邀请山妮参加他们小组的活动。说着，咪妮拿出藏在身后的两只相框递给了山妮。“请你瞧瞧我做的这两只标本。”

山妮很快就辨认出，一只是玫瑰花标本。然而，另外一只相框里，只有几片带根的叶子，山妮不知道这是什么。

“你再仔细瞧瞧，这几片绿色的叶子细长细长的，两边长得有些像齿轮一样，根部的杆子是淡紫色。”咪妮提示道，“还有，这种植物在春夏季会开黄色的小花，它的果子是圆圆的白色小绒球。”

“啊，这里面原来是蒲公英带了根的叶子！”咪妮的提示，使山妮不禁回忆起在家乡的时候，一到春天，漫山遍野长满了蒲公英。等蒲公英成熟时，她和小伙伴都喜欢摘下白色小绒球，拿在手里对着它轻轻地一吹，那上面一粒粒的种子随风飘扬，就像许许多多的小伞兵从天而降，真是好玩极了！

咪妮还告诉山妮，制作这两只标本的玫瑰和蒲公英，在学校的植物园里都有。

“学校还特别安排了生物老师陈老师作为标本收藏小组的指导老师，陈老师不仅教我们制作标本、教我们栽培花草，还告诉我们许多关于植物的知识，欢迎你加入我们，一起学习知识，收藏标本！”

“好呀，那我就向老师申请参加你们的标本收藏小组！”山妮愉快地接受了安娜、爱丽丝和咪妮她们的邀请。

毛爷爷的知识小宝库

收藏是投资理财的一种方式。在日常生活中，有许多不需要花费太多的资金，甚至不需要花钱的收藏品。这些东西很适合我们少年儿童收藏，其中包括大家熟知的邮票、钱币、连环画、年画、玩具以及标本等。

以收藏连环画为例，题材优秀、绘制精美的连环画，能陶冶情操，提高审美情趣。像连环画《雷锋》《董存瑞》《保卫延安》《东进序曲》以及《鲁迅小说连环画》等，是爱国主义和革命传统教育的好教材；连环画《孙悟空三打白骨精》《中国四大古典名著连环画》《世界儿童名著精选连环画》等，也同样受到我国广大小读者的喜爱。

再从投资理财的角度来看，连环画中那些名家的作品，特别是题材好，已经绝版、成套且品相好的精品，它们在连环画拍卖市场上的价格不断攀升，具有非常高的收藏价值。以1952年出版的《速成识字辅助读物》和1959年出版的《红领巾画库》为例，早在2007年连环画拍卖会上，一套的成交价都已达到人民币两万元左右。

再以收藏年画为例。年画是中国传统文化的组成部分，具有浓郁的装饰性、观赏性和艺术价值。

在古代，民间艺人用刻刀在木板上刻出表示喜庆、吉祥，寄托着老百姓对于美好生活愿望的各种图案，然后在木板上涂上颜色，再把白纸铺在木板上，用刷子一刷，就制作成了一张年画。因此人们也把这种年画称为木版年画。

木版年画流传至今，具有悠久的历史和独特的艺术风格，表达了我国劳动人民对美好生活的向往，广受人民群众的喜爱，是五千年中华文明珍贵的

文化遗产。

采用吉祥图案的木版年画《同庆丰收》《五谷丰登》《吉庆有余》以及反映民间故事的木版年画《昭君出塞》《穆桂英挂帅》等一大批优秀的木版年画深受我国老百姓的喜爱。

从投资理财的角度来看，由于木版年画是手工艺术品，物以稀为贵，所以收藏木版年画往往可以以较低的投入而获得较好的收益，是一种颇具价值的收藏手段。在一些著名的拍卖会上，一幅明清时代的木版年画精品，成交价甚至高达数万元。

需要注意的是，收藏品市场千变万化，古玩、玉器、名家字画之类高端的收藏品又属于中、长线的投资，况且投资收藏以上这些高端藏品，还需要专业的知识和经验，所以存在相当大的风险。

对于广大小读者，可以从自己的实际情况出发，少花钱甚至不花钱，量力而行参加收藏活动。比如，可以自己动手制作标本、收藏连环画等，切忌急功近利。

1. 问问家里人，看看他们有没有收藏过什么。如果有，请他们谈谈投资收藏品的体会。

2. 了解你所在学校有没有收藏小组。如果有，申请参加试试；如果没有，在学校老师的同意和支持下，和同学一起成立一个收藏小组。

豆苞有了自己的财务顾问

“什么，是真的吗？”当咪妮把豆苞有了自己的财务顾问这一消息告诉小胖时，他一下子从座位上跳了起来。

“我绝对不会搞错！是豆苞亲口告诉我的。”对于小胖的询问，咪妮感到很委屈，她向小胖辩解道，“要不，就是豆苞在吹牛。”

咪妮又想了想，对小胖说道：“这样吧，你跟我一起去找豆

苞，当面问问他。”

于是，小胖跟着咪妮一起找到了豆苞。

当小胖心急火燎地说出自己心中的疑问时，豆苞心想：也难怪小胖不相信，如果早一年，我也不会想到请财务顾问这件事情。

事情还得从今年的暑假说起。学校一放暑假，豆苞就准备好了行装，告别父母来到了爷爷奶奶的家里。

“豆苞，早饭吃过了没有啊？”豆苞的奶奶看见宝贝孙子来了，高兴地问道。

“小子，听你爸来电说，这个学年你在学校表现很好，班主任张老师还表扬了你呢。我和奶奶都为你感到高兴！”豆苞的爷爷笑眯眯地鼓励起豆苞来。

“你爸告诉我，你养成了坚持储蓄的好习惯。这很好！”爷爷表扬道，“但是，你有没有考虑过为自己制订一份财务规划？”

“财务规划？”豆苞抬起头来望了望爷爷，“听说那是大人才需要做的，我还小着呢！”

“豆苞，上一学期你都看了哪些课外读物？”爷爷并没有直接回答豆苞的问题。

豆苞的爷爷认为，对于一个学生来说，除了要抓好学校的各门功课，还应该在课外养成阅读好书的习惯。通过课外阅读，陶冶情操，拓展知识面。因此，从豆苞幼年起，爷爷就经常

带着孙子去书城。他要培养豆苞喜欢看书的好习惯。

当豆苞向爷爷分享一个学期以来所阅读过的书目以及读书体会时，爷爷始终面带笑容在仔细地倾听着。从孙子的汇报中，爷爷了解到，由于坚持阅读，豆苞的知识面比一般的孩子要广，这令爷爷感到很欣慰。

“还记得上次许教授给你们讲的古今中外那些投资理财高手吗？这些人的共同点，就是都有强烈的事业心以及对成功的执着追求。还有，他们对自己有着清晰的规划，而且一旦明确了目标，就会坚定不移地向着既定的目标去努力实践。”

爷爷又告诉豆苞，人生目标是一个人一生要达到的总目标，而要实现这个总目标，就需要有许多子目标来做保证。“例如，对于你来说，从小树立起正确的财富观，养成勤俭节约、当家理财的好习惯等；通过这些来提高自身的财商素养，对于今后实现自己的人生目标非常重要！”

看到孙子一直在专心致志地听着自己的讲话，豆苞的爷爷内心十分高兴。他继续说道：“就拿理财来说吧，尽管你年龄还小，但你已经养成了勤俭节约的好习惯，而且还了解了不少金融理财方面的常识，在这个基础上，现在你可以尝试制订一份自己的财务规划。”

爷爷告诉豆苞，个人财务规划通常包括个人收入和消费支出规划、储蓄和保险规划、投资理财规划、子女教育规划、个人

退休养老规划、个人财产分配与传承规划等。个人财务规划一定要切合自己的实际，不同的人生阶段，应该有不同的具体目标。规划里应该有收入以及支出这两大类。一个完整的规划，还应该包括目标、实现目标的相应措施等。

听豆苞讲到这里，小胖和咪妮忍不住打断了他的讲话。“我们又不是成年人，你还是赶快告诉我们，对于我们这些小孩子，如果要制订一份财务规划，要怎么做？”看来，小胖和咪妮已经对财务规划很感兴趣。

“别打岔好不好？我接下来会说的。”豆苞继续说，“我爷爷告诉我，我们制订财务规划，包含收入和支出两大部分。收入主要是平时的零花钱和压岁钱等。当然，如果参加了储蓄，那还会有银行给的利息。”

“知道了。那我们的支出不就是用于买学习用品、课外读物，还有——”心急的小胖说道，“还有买玩具什么的。当然我会注意别乱花钱！”

听了小胖的表态，豆苞强忍住笑，点了点头。他为小胖改掉乱花钱的坏习惯而感到高兴！

“不过，制订好规划仅仅是第一步，更重要的是要坚持执行并且及时总结。为此，我爷爷主动对我说，如果我愿意的话，从今天起他就做我的财务顾问！”豆苞回忆起当时的情景，忍不住高兴地笑了起来。

小胖和咪妮这才恍然大悟，原来豆苞的财务顾问就是他的爷爷！

急性子的小胖看了看边上的咪妮，向豆苞试探道："豆苞，我们能不能也请你的爷爷做我俩的财务顾问？"

"喏，我现在把电话接通了，你们自己和我爷爷说吧。"说着，豆苞把电话调到了免提挡。

当小胖和咪妮两人结结巴巴地说清楚了他俩的要求后，话筒里立刻传出了一阵爽朗的笑声。"好呀，我同意。不过，我会对你们和对豆苞一样，严格要求！到时候可不许后悔啊！"

于是，豆苞、咪妮和小胖，三个好朋友，有了一位共同的财务顾问——豆苞可亲可敬的好爷爷！

财商素养是人生理想信念与财富观念、财经知识以及投资理财技能等基础修养的总和。

财商素养是现代公民所必需的素养，具有基础财商知识的少年儿童，成年后能更好地维护和增加个人的家庭财富，更有利于国家社会经济的稳定和发展。

在正确的财富观念与人生理想信念指导下，运用学到的财经知识和投资理财技能，从小在爸爸妈妈等成年人的帮助下，学着制订适合自己年龄特点的财务规划，并通过勤俭节约、参加储蓄以及投资理财等手段来达成财务目标，是提高财商素养的一条有效途径。

一个人的一生，会经历不同的人生阶段，在不同的人生阶段，资产配置、财务规划也会随着具体情况发生变化。

作为个人或者家庭，合理的资产配置大致会包括以下几个方面：1.个人或者家庭日常生活开支所需要的生活费用；2.应对意外事故、重大疾病所需要支出的费用；3.供子女教育、赡养父母以及今后养老等所需支出的费用；4.为买车、买房等大宗消费所需要的支出；5.为家庭创造收益所需要的费用，主要是指储蓄，投资股票、基金、房产或实体经济以及购买保险所需要的资金。

显然，每个人或家庭的资产配置在不同的阶段都是不同的。对于少年儿童来说，在长辈们的指导和帮助下，学会制订符合自身实际的财务规划，经过坚持不懈的努力，就一定能打理好自己的钱财，规划好自己的生活，为今后的成长打好基础。

1.“聘请”你的爸爸妈妈或是爷爷奶奶、外公外婆做你的财务顾问，和他们讨论过往一年来你的财务情况，然后请他们进行指导。

2. 如果你还没有制订过财务规划，那么请你在他们的指导帮助下，先制订一份为期一年的个人财务规划。

我们都是小小理财家

临近年底，当天际隐去最后一抹晚霞时，夜幕降临了。学生们早就放学回到了家里。忙碌了一天的老师们也陆续离开了学校。喧闹的校园渐渐地安静下来。

然而，殷校长的办公室却依然灯火通明。居委会的刘主任、豆苞的爷爷，还有银行的钱行长，正围坐在殷校长的办公桌边上，和殷校长一起在讨论着什么。

和他们在一起的，还有张老师和朱老师呢！此时，她俩正

和殷校长一起，全神贯注地倾听着学校请来的这几位客人的发言，时不时还插上几句话。

刘主任、豆苞的爷爷和钱行长都是“小小理财家协会”的校外辅导员。听殷校长一再对他们三位表示感谢，豆苞的爷爷谦虚地表示道：“请校长千万不要客气！关心下一代的健康成长，这是我们应该做的。能够配合学校为孩子们做些事，我们很高兴！”他看了看刘主任和钱行长，又接着说道，“这一年来‘小小理财家协会’的孩子们进步很多，他们都已经养成了勤俭节约的好习惯。但是，他们的这个，我们也应该关心才是。”说着，豆苞的爷爷风趣地举起手指，指了指自己的脑袋。

钱行长明白豆苞的爷爷所说的意思。他接过话题接着说道：“豆苞的爷爷说得对，我们还得帮助孩子们树立起正确的财富观。”

“我完全赞成两位的发言！刚才殷校长要我们为‘小小理财家协会’今年的年会怎么开出主意，我看这次年会就可以围绕金钱和财富的关系，组织孩子们展开一次讨论。”刘主任说。

所有与会的人员都同意刘主任的提议。殷校长又看了看大家，发现张老师和朱老师好像在商量着什么事情，于是关心地问道：“你们两位还有什么意见要发表的吗？”

“是这样的，校长。据我们所知，‘小小理财家协会’的各个收藏小组在这一年里都有不少收获。我俩建议，我们帮助孩子

们展示他们的收藏成果。这样，一来可以检阅‘小小理财家协会’各个收藏小组一年来的成绩；二来也起到让孩子们相互交流的作用，也是对于孩子们的一种鼓励。至于场所，可以利用学生课外活动室两侧墙面上的橱窗。”

大家都觉得两位老师的意见很有道理，对这次年会充满期待！

一个双休日的上午，“小小理财家协会”年会，按照原定计划在学生课外活动室举行了。

玻璃橱窗里，安放着一块块图文并茂的精美展板。有的展板陈列着各种邮票，有的是一幅幅木版年画，有的是不同年代的钱币，有的是一只只蝴蝶标本和各种植物标本，有的则是一本本的连环画，还有的是现在已不多见的“火花”——火柴盒上的商标贴画。真是琳琅满目，让人目不暇接！

来参加“小小理财家协会”年会的人还真不少！人群中不仅有“小小理财家协会”的小会员、学校领导和师生代表，还有不少家长呢！

虎子的妈妈站在橱窗前，美滋滋地看着儿子和小胖他们小组的收藏成果，笑得合不拢嘴。山妮的爸爸也来了，他一走进活动室，山妮就拉着她爸爸的手去看他们小组布置的橱窗。

“叔叔，这套《中国梦——人民幸福》特种邮票一共有四枚。您瞧，这一枚是‘安居乐业’，这一枚是‘社会保障’，这一

枚是‘社会和谐’，还有一枚是‘美好生活’。这四枚邮票是山妮和我们经过共同努力，好不容易才收集齐的。”咪妮向山妮的爸爸介绍起他们集邮小组的收藏成果。

咪妮指着橱窗里所陈列的邮票，继续告诉山妮的爸爸，“《中国梦》主题邮票还包括《中国梦——国家富强》和《中国梦——民族振兴》这两套。‘民族振兴’这四张分别表达了政治文明、经济发展、文化繁荣和民族团结；‘国家富强’则反映了我们国家改革开放以来所取得的伟大成就，包括‘神舟’飞船与‘天宫一号’交会对接、‘北斗’卫星导航系统、‘辽宁’号航空母舰以及‘蛟龙’号载人潜水器等。”

说着说着，咪妮突然发现，有好多好多的同学和他们的家长都围在她的周围，正聚精会神地在听她的介绍呢！大家都为我们国家所取得的伟大成就感到由衷的自豪！

等到咪妮讲解完毕，山妮悄悄地拉着自己的爸爸来到另外一个橱窗前，她指着橱窗里陈列着的蝴蝶标本，兴奋地对爸爸说：“爸爸，您瞧这些标本里的蝴蝶，都是上次放暑假回家乡时，咱村里以前的那些同学和我一起捉的！”

山妮的爸爸顺着女儿手指所指的方向，凑近橱窗仔细观察起来。

“这是一只菜粉蝶的标本。陈老师给我们说过，这种蝴蝶是菜地里常见的一种害虫，它们特别喜欢吃白菜、花椰菜等。”

见爸爸在认真地听她介绍，山妮又指着橱窗里的另一只标本继续介绍道，“这是一只玉带凤蝶的标本。这只玉带凤蝶是我在咱们村的柑橘园里抓到的。玉带凤蝶的幼虫对于柑橘树的生长危害极大。”山妮还告诉爸爸，她在陈老师指导下做成的这些标本，在老师上生物课时还派上了用场。

“嗨，你这闺女如今倒还真是挺有能耐的！”山妮听得出，爸爸这是在夸奖她呢！

殷校长也来到会场，年会正式开始了！殷校长首先做了精彩的致辞，她高度评价“小小理财家协会”的同学们一年来所取得的成绩，对于年会的召开表示热烈的祝贺。接着，围绕金钱和财富的关系，“小小理财家协会”的小会员们展开了热烈的讨论。

“俗话说，‘有钱能使鬼推磨’。有了钱，什么事都好办！我们现在学习理财，还不是为了钱？”急性子的小胖抢着说，“所以呀，这个答案不是明摆着的吗？金钱就是财富！”小胖一口气说完以后，见不少同学在窃窃私语，于是挠了挠头，不知所措地坐了下去。

“小胖，你的说法有问题！在日常生活中我们固然不能没有钱，但是金钱绝不是万能的！”明明和小胖是同班好友。听了小胖的发言，他觉得要帮助好朋友克服错误观念。“你想想看，你可以用钱买书，但是你能用钱买来学问吗？又例如，你可以用钱买礼物送给同学，但是你能用钱买来友谊吗？”

“对呀！这位同学说得有道理！”孩子们在座位上纷纷议论。

“小胖，你真糊涂！我认为，明明说得对。金钱绝对不是万能的，弄得不好还会害人呢！”玲玲腾地一下从座位上站了起来，激动地说，“记得我爸爸曾经给我讲过这样一件真实的事情。他同事的孩子，因为偷懒，在做课外作业时，一遇到困难就塞钱给同班的一个‘好朋友’，然后抄‘好朋友’的作业。钱不够用了，他开始是拿父母放在家里的钱，后来发展到外面去偷。长大以后贼性不改，最后竟然成为惯偷，进了牢房。”

“真可惜！”底下又是一阵议论。见孩子们都说得差不多了，豆苞的爷爷清了清嗓子，走到讲台前说道：“孩子们，要不要听我讲故事呀？”还没等豆苞的爷爷把话讲完，下面就响起阵阵的欢呼声和响亮的掌声。“要！我们要听爷爷您给我们讲故事！”

豆苞的爷爷讲的故事发生在我国南方N市的一个农村。主人公吴爷爷是村里一位普通的村民。老人家走街串巷，靠给人磨刀为生。他和老伴至今还住在旧瓦房里，生活并不富裕。但是，他们老两口关心社会、关心他人。吴爷爷夫妇俩会经常上福利院去看望孤寡老人。为了帮助村里修桥补路，他们将平时省吃俭用节省下来的钱全都捐献出来。2008年汶川地震之后，吴爷爷好几次通过红十字会，向发生泥石流的地震灾区捐

款，前后加起来一共有好几万呢！

“这一摞摞硬币和纸币，带着汗水，沉甸甸地称量出了高尚！”豆苞的爷爷动情地说道，“论金钱，吴爷爷并不富有。但是他心中有爱，活得很充实，因此他是世界上最富有的人！”

顿时，活动室里爆发出一阵又一阵热烈的掌声。显然，吴爷爷的事迹深深打动了孩子们的心。在接下来的小组讨论时，同学都纷纷抢着发言。

“我真糊涂！现在我才明白，财富并不就只是金钱。将来，咱们不仅要学会赚钱理财，更要学会做人，做一个像吴爷爷那样高尚的人！”小胖说着说着，惭愧地低下了头。

小胖的话音刚落，人群中猛然响起了阵阵掌声。小胖朝四周张望，见同学们的脸上都挂着善意的笑容。

会议圆满结束了，小伙伴们还没有离去，在忙着整理会场呢！

望着这群懂事的孩子，豆苞的爷爷感叹道：“多可爱、多懂事的孩子啊！这些孩子经过学习和实践，已经树立起正确的财富观，养成了勤俭节约、当家理财的好习惯，有了良好的财商素养，个个都成为小小理财家了！有了现在这个基础，将来他们一定会成为国家建设的栋梁之材的。”

这不也正是殷校长、张老师、刘老师、居委会刘主任、钱行长以及广大家长，还有社会上许许多多大人们的共同心声吗！

毛爷爷的知识小宝库

财富不仅仅只是指金钱,它包括物质财富和精神财富。

物质财富通常是指能满足人们衣、食、住、行等各种物质需求的东西,包括衣物、食品、房屋以及车辆等。这些东西往往都可以用金钱来衡量。

精神财富主要包含以下几个方面的内容:1.信念,包括信仰;2.道德信条;3.意志力;4.各种知识,包括自然科学知识和社会科学知识。

人活在世上,一个完美的人生应该同时拥有物质财富和精神财富。精神财富是无形的,却是最宝贵的。然而,不同的价值观会产生不一样的精神财富。对于我们来说,只有在社会主义核心价值观引领下所产生的巨大的精神财富,才是最可贵、最值得我们拥有的。也只有这样,我们的人生才会美满,才会幸福,才是真正意义上的"富翁"!

快快行动起来吧

在班主任老师的指导下,组织班上的同学举行一次关于如何做个小小理财家的讨论会。

咪妮母女俩去了食品商店

秋意渐浓，咪妮猛然发现，马路两边的人行道上，那一排排银杏树的叶子，都渐渐地由绿色变成了金黄色。随着阵阵秋风吹过，满树的叶子纷纷扬扬地飘落在地上，人行道顿时成了金黄色的小道，煞是好看！

“咪妮，你今天的作业做好了没有？”咪妮的妈妈下班回家后问道，“天气渐渐变凉了，眼看着就要进入冬天。明天是周末，我带你去食品店买些营养品，给你外公外婆补补身子。”

第二天的上午，咪妮跟着妈妈，高高兴兴地来到了市中心一家著名的食品商店。兴许是因为休息天吧，商店里的人可还真不少！咪妮跟着妈妈来到了一个专卖柜台前面。前来购物的人很多，人们秩序井然地排起了队。

这是一个专门出售冬令补品的柜台。只见里面的营业员根据顾客的要求，把芝麻、核桃之类的放在一个碾磨机里粉碎。不一会儿，芝麻核桃粉就研磨好了。营业员熟练地操作着，把一袋袋包装好的芝麻核桃粉递给顾客。

马上就要轮到咪妮母女俩了。咪妮的妈妈从拎包里拿出钱包，取出三张钞票递给了咪妮。“咪妮，这是三张一百元的钞票。待会儿由你付钱给营业员阿姨吧。”咪妮的妈妈又嘱咐道，“不要忘记，待会营业员阿姨要找钱给我们呢！”

在这以前，只要是跟着父母出去购物，哪怕是咪妮要买的东西，结账时总是由父母帮咪妮付钱，回家以后再从计划给咪妮的零花钱里扣去这笔钱，这样很方便。但如今咪妮已经长大了，该让她进一步了解一些用钱的常识了。咪妮的妈妈打算，就从今天开始，让女儿在他们的指导下，做些这方面的尝试。

由于父母平时管得严，咪妮平时只是在放学回家经过路边的便利店时，偶尔才进去用零花钱买些小点心或者铅笔、笔记本之类的。买那些小东西用不了多少钱，计算起来也很简单。所以，如今她拿着妈妈递给她的三张百元大钞时显得有些

紧张。

“别紧张，有我在呢！”咪妮的妈妈看出了女儿的担心，鼓励道，“来，我们先算一算，待会儿需要给营业员阿姨多少钱。”

“你看，那标牌上面写着呢，每一袋芝麻核桃粉所要付的钱是116元，那么，我们买两袋得花多少钱呀？”妈妈启发道。

“是232元！”妈妈话音刚落，咪妮就说出了答案。

“那现在我们给营业员阿姨三张一百元的钞票，她应该找还给我们多少钱呢？”咪妮的妈妈又接着问道。

咪妮略微思索了一下，回答说：“她应该找还我们68元。”

咪妮的妈妈满意地点了点头。

“谢谢阿姨！这是300元钱，您拿好。”轮到咪妮母女俩了。咪妮递上了妈妈刚才交给她的三张一百元的钞票。

“小朋友，谢谢你！”营业员阿姨把两袋芝麻核桃粉递给咪妮的妈妈后，接过咪妮付给她的钱，清点无误后，把应找还的钱放在柜台上的一个小盘子里。

“小朋友，这是找还给你的钱，请拿好。”营业员阿姨微笑着对咪妮提醒道。

咪妮瞧了瞧放在盘子里的钱，只见里面放着三张纸币和三枚硬币。妈妈让女儿把盘子里的钱拿过来清点一下。

“妈妈，这张是50元的，这张是10元的，这张是5元的，还有三枚1元的硬币。”咪妮仔细地辨认着。

“50加10再加5是65，再加上3就是68。刚好是营业员阿姨应该找还我们的68元！”咪妮兴奋地告诉妈妈。

咪妮谢过了营业员阿姨，把找还的钱交给了妈妈。

“咪妮，等你长大后，可以用手机和银行卡了，我还会教你如何通过手机来购物。但是现在你还得从学会用现金购物开始。”在回家的路上，咪妮的妈妈嘱咐道，“至于钱应该怎么花，这里面的学问可多着呢，以后你就好好地学吧！”

毛爷爷的知识小宝库

人民币是我国的法定货币，由中国人民银行发行。

1948年12月1日，中国人民银行成立并发行第一套人民币。至今，中国人民银行共发行了五套人民币。其中前四套已退出流通领域，目前流通使用的是1999年10月1日开始发行的第五套人民币。

人民币的缩写为RMB，货币的标准代码（在交易中为了方便而使用的代码）为CNY（英语：Chinese Yuan），货币符号是元的拼音YUAN的第一个字母Y，再加上两横，也就是“¥”。

人民币的单位是圆（元），它的辅币单位是角、分。

第五套人民币一共有八种面额。

它们分别是100元、50元、20元、10元、5元、1元以及5角、1角。其中辅币5角和1角是金属制的硬币，1元有纸币和硬币两种，其余的都是纸币。

1. 在家长的帮助下认识不同面值的第五套人民币。

2. 用100元去附近超市帮家里采购8种食品，看看如何组合。

外公讲了个精彩的故事

星期天的一大清早，咪妮跟着爸爸妈妈高高兴兴地去外公外婆家探望两位老人。

咪妮可喜欢去外婆家呢！在咪妮的心目中，外公非常了不起：凡是咪妮不明白的事情，外公都能够给她解释得清清楚楚。

外公和外婆看到小咪妮一家子上门来，当然也是高兴极了！当两位老人得知咪妮在妈妈的指导下，已经学会用钱买东西了，连声夸奖道："哟，我们的小咪妮可真行啊！"

“我这才刚刚开始跟妈妈学呢。”咪妮见大家称赞她，显得有些不好意思，红着脸谦虚地说道。

其实，咪妮在昨天跟着妈妈外出去购物时，心里还怀有一个小小的“纠结”：“为什么大家拿着这一张张用纸做成的钞票，就能到商店里去换回各种各样的物品呢？”当时她就想，其中的原因，外公一定知道！

“爸爸妈妈，外婆，我有事想请教外公一下！”说着，咪妮向大家做了个“鬼脸”，搀扶着外公进了书房。

当外公了解了咪妮的困惑后，为咪妮的求知欲而感到高兴，对咪妮说道：“在我们国家，人们讲到钱或钞票，那就是指人民币。为什么拿人民币可以买东西呢？这是因为人民币是我国的法定货币。”

“法定货币？”咪妮还是不明白。

“法定货币就是政府通过行政命令，以法律形式发行的货币。国家规定，在商品交换中，也就是人们在买卖商品以及劳务时，必须接受和使用人民币。”外公耐心地解释道，“出于对政府的信任，大家在日常生活和经济活动中，都自觉地接受和使用人民币作为支付手段。”

“而且，随着我国国力的日益强盛和‘一带一路’的高质量发展，人民币作为国家的名片，在国际上的地位也在不断提升。目前，人民币已成为全球第四大支付货币，越来越多地走向世

界，在全球经济领域发挥着越来越重要的作用。”咪妮的外公自豪地说道。

“但是，我听爸爸曾经说起过，在古代还出现过用金、银以及铜铸造的货币，其中铜钱是平常生活中使用的最多的。”咪妮记得，外婆曾经给过她几枚清朝康熙年代的铜钱，要她收藏好。

“还有，更早的时候，那时候的人们又是用什么来买东西的呀？”咪妮好奇地追问道。

“要回答你这个问题，咱们就得从货币的起源说起。”外公清了清嗓子，继续说道，“这货币呀，它起源于人与人之间物品交换的需要。”

外公告诉咪妮，在远古时代，人们从大自然能够获得的东西少得可怜。一个部落大家群居在一起，共同劳动、共同吃喝，根本没有什么剩余的东西可以交换，因而也就不需要货币。

外公继续说道：“随着生产力的发展，人们的劳动成果逐渐有了富余。例如，有一个居住在大河边上的原始部落，他们以捕鱼为生；而另一个居住在草原上的原始部落，那里的人们以饲养羊群为生。居住在大河边上的人想尝尝羊肉的滋味；而居住在草原上的人也想尝尝鱼的滋味。当这两个部落各自都有了多余的鱼和羊的时候，他们就会想把各自多余的鱼和羊与对方进行交换。”

“但是，如果另外还有一个居住在平原的部落，他们是以种

植谷物为生的，当他们也有多余的谷子，想用这些谷子去换鱼和羊，那可怎么办呀？”咪妮忽然想到了一个问题。

“你的问题提得好！”外公鼓励道。他告诉咪妮，到了原始社会的后期，随着生产力水平的不断提高，社会经历了一次大分工。这时，人们的分工越来越细，有专门种植粮食的；有专门饲养牛羊等家畜的；还有专门从事木匠或者制作农具的……因此，需要交换的物品种类也越来越多。这时，大家都感到，拿物与物直接交换实在太麻烦。

“外公，那后来他们是不是想出了一个好办法呢？”咪妮问道。

外公看了咪妮一眼，鼓励道：“你说呢？”

不一会儿，咪妮试探地说道：“外公，是不是可以找到一样他们之间公认的东西，用它作为标准来衡量？”

外公肯定地告诉咪妮：“你说得确实有道理！当时那些不同部落的人们想呀想，最后想出了一个好办法：因为谁都需要羊，于是人们在物物交换之前，先把牛、鱼和谷子等，都和羊做比较，确定一只羊能够换多少其他的物品。这样，把一只羊作为衡量的标准，部落之间进行物物交换就比以前方便多了！”

外公紧接着告诉咪妮，当时人们作为物物交换标准的这只羊，就是我们现在说的“商品的一般等价物”。

外公还告诉咪妮，由于不同区域或者不同部落所处的情况

不同，牲畜、农具、猎具、贝壳，甚至珍稀的皮毛等，在当时都曾经作为“商品的一般等价物”被使用过。

“从货币发展的历史来看，这些‘一般等价物’，可以被看作为萌芽状态的货币。”咪妮的外公小结道。

和外公的这次交谈，咪妮收获满满！

原来，我们现在使用的人民币，是由远古时代所使用的羊、贝壳之类，慢慢演变为铜及金银等金属，再进一步演化而来的。外公最后还告诉咪妮，随着科学技术的进步，人们也开始广泛地使用电子货币。

回家路上，妈妈问咪妮：“你们在书房里聊得那么起劲，究竟在聊些啥呀？”咪妮高兴地回答道：“妈妈，外公刚才告诉了我好多关于货币的知识。外公真了不起！我将来也要像他一样，做个有知识、有本领的人！”

货币起源于人类物与物交换的需要。随着人类社会的进步，从牛、羊、贝壳等实物，逐步演变为用铜及金银等铸造的金属货币，再到纸币，数字货币，这一过程经历了漫长的历史时期。

中国是世界上最早使用货币的国家之一。

我国使用货币的历史可以追溯到四千多年以前。海贝壳是当时最早大量使用的货币。

我国也是最早使用金属铸币以及纸币的国家。

公元前一千多年的商朝，我们的祖先就仿照贝壳的形状，采用铜铸造出了铜币，先于世界上其他各国。

世界上第一张纸币也是诞生于中国。在距今约九百年前的北宋时期，源于发达的商业在货物流通上的需要，再加上当时造纸和雕版印刷业的发展，从技术上提供了支持，于是在我国四川一带出现了一种叫作“交子”的纸质货币。

交子是目前世界上公认的、最早用作流通手段的纸币，体现了中华文明的辉煌成就。

人民币是当今我国的法定货币。随着我国的国际地位不断提升，“亚洲基础设施投资银行”的成立以及“一带一路”的推进，人民币在国际上的影响日益增强、地位日渐提高，已成为世界上重要的货币之一。

1.问问周围的人，他们有没有收藏古钱币。如果有，请他们给你讲讲有关这些钱币的故事。

2.去网上搜索一下中国最早的纸币“交子”。

原来钱还能生钱

咪妮和豆苞都好想拥有一台属于自己的电脑！一天，他俩又在一起商量这件事情。豆苞说："我们已经长大了，不能什么事情都依靠家长。这次我们用平时省下来的零用钱买电脑，怎么样？"咪妮听了连连点头表示赞同。

休息天，他们去逛了一圈电脑城，发现一台普通的电脑也要3000多元。咪妮和豆苞两人的储蓄罐里正好都攒了2000元。但是，靠这些钱还买不成电脑。

怎么办呢？豆苞想了一下，对咪妮说："要不这样吧，我们俩下个决心，每个月都省下100元零用钱，一年后节省下来的钱，连同原来的那些钱，就差不多够买一台电脑了。"

"好啊！"咪妮觉得豆苞的这个主意不错。于是，他俩立即行动，每月节省100元，把这些钱存下来。

时间过得很快，一晃一年过去了，豆苞由爸爸妈妈带着，如愿以偿地从电脑城买回了一台心仪的电脑。

但是，咪妮却怎么也高兴不起来。原来，当她从储蓄罐里拿出所有的钱，去买电脑时，却发现还差那么几十元。

见此情况，咪妮的妈妈马上从钱包里拿出钱递给女儿。但是，咪妮说什么也不要妈妈的"赞助"。咪妮的妈妈说："咪妮，你什么时候有了钱，再还给我不好吗？"即使妈妈这样说，咪妮还是不干。她认为，自己要信守当时和豆苞达成的约定："我们已经长大了，不能什么事情都依靠家长。"最后，电脑没有买成。回到家，咪妮越想越气，猜想豆苞一定违背了当初的约定，问他爸爸妈妈伸手要钱了！

"你既然这么想，那我们一起去豆苞家问问他吧。"妈妈对咪妮说。

于是，晚饭以后妈妈带着咪妮去了豆苞家。豆苞的妈妈听完了咪妮的诉说，笑着向咪妮母女俩说出了豆苞的一个"秘密"。原来，在一年前，豆苞妈妈听说豆苞要自己买电脑时，她

肯定了豆苞的想法，并马上带他去银行开立了一个银行账户，将2000元钱办了一年期的定期存款，同时又办了每月存100元、存期为一年的零存整取储蓄。

豆苞妈妈对咪妮说："把钱存入银行不仅安全，还有利息收入，所以一年下来，豆苞账户里的钱加上利息收入，就刚好能买到一台电脑了。"

"哇，原来钱还能生钱！"咪妮恍然大悟道。

说到这里，咪妮羞愧地低下了头，她意识到自己原先错怪豆苞了，于是立即诚恳地道了歉。临别前，她转身对妈妈说："妈妈，我也要参加储蓄存款。等您有空时，也带我到银行去开个账户吧！"

毛爷爷的知识小宝库

要使暂时不用的“闲钱”生出钱来，最简单并且可靠的办法就是参加储蓄。储蓄是一种最基本、使用最广泛的管理金钱的方式。

参加储蓄的好处多多：

1. 储蓄能养成勤俭节约的好习惯。

2. 储蓄存款的本金有保障并且还有利息收入。

3. 参加储蓄安全可靠。

国家规定，银行等储蓄机构必须遵循“存款自愿，取款自由，存款有息，为储户保密”的原则。

当然，对于自己的储户户名、账号、密码等重要信息，我们一定要注意保密，千万不要轻易泄露，以免给坏人利用而造成损失！

附1：名词解释

存款：存入银行、信用合作社等储蓄机构里的钱。

本金：存款在计算利息之前的原始金额。

利息：货币所有者从借款者手中获得的报酬。

附2：计算存款利息的公式

存款利息=本金 × 利息率 × 存款期限

其中，利息率又称利率，表示在一定时期内，利息金额与本金的比率，通常用百分比表示，按年计算则称为年利率。

假设一年期的银行定期存款利率是2.0%，豆芭把人民币2000元存入银行，存满一年后，他可以得到的利息是：

利息=2000×2.0%×1=40（元）

1. 假设一年期的银行定期存款利率是2.0%。请计算：如果把人民币3000元存入银行，存满一年后所得的利息是多少？如果存满一年后，把这3000元连同所得的利息再存入银行，存满一年后，又可以拿到多少利息？

2. 了解一下，现在银行存款的活期利率和定期利率分别是多少？

我也有了自己的账户

看到豆苞哥哥熟练地操作着新买来的电脑，咪妮真是好羡慕啊！

但是，由于上次去电脑城时，她坚持不要妈妈的“赞助”，所以咪妮空着双手走出了电脑城。别看咪妮年龄小，但人小志气大。她决心坚守当初和豆苞的约定，用自己平时省下来的零用钱买回电脑！

其实，上次从豆苞家回来以后，咪妮就已经盘算好，凑上这

个月节省下来的零用钱，买台电脑应该足够了。那就再等上一个月吧。

“但是不管如何，我也要像豆苞哥哥一样，在银行有一个自己的账户。”咪妮始终牢记着豆苞妈妈介绍的好办法。

听说爸爸和妈妈最近工作都很忙，咪妮不忍心去打扰他们。于是，咪妮找到了豆苞。她对豆苞说：“豆苞哥哥，我爸妈最近都特别忙，你能不能陪我去一次银行呀？”

“你要去银行干啥呀？”豆苞一时摸不着头脑。于是，他关心地询问起咪妮来。

咪妮嘟起了小嘴，显得有些不高兴的样子。“你应该知道我要去银行干什么的嘛！”

“噢，我想起来了。你是想到银行去开个账户吧？”豆苞这才想起来。

“是呀，豆苞哥哥，今天放学以后，你就陪我去银行吧！”咪妮急切地恳求道。

可豆苞却摇摇头，说道：“你还记得吗？是我妈带我去银行为我开立账户的。所以，开立账户这件事，只能请你爸妈带你去才行。至于究竟具体要带些什么资料和证件，等我问过我妈后再告诉你吧。”咪妮听完后点点头，向豆苞表示感谢。第二天豆苞找到咪妮，边说边递给咪妮一张纸：“你们到银行去时，需要注意些什么，我妈在这上面都写得清清楚楚了。”

“谢谢豆苞哥哥，也帮我谢谢你妈妈！”咪妮是个懂事的孩子。

几天以后，咪妮由妈妈带着，到豆苞妈妈工作所在银行的网点，开立了自己的账户。

当咪妮再见到豆苞时，她立马兴奋地告诉豆苞：“豆苞哥哥，现在我也有了自己的银行账户了！”

“你知道吗？我的账户还设有密码呢！”咪妮凑到豆苞的耳边悄悄地说道，“那天，你妈妈还再三叮嘱我，密码千万不能告诉别人。”

“是呀，当初我妈妈也是这样和我说的，社会上有些坏人，千方百计想盗取我们在银行账户里的钱。为了保证客户的资金安全，我妈他们银行已经采取了安全措施。他们现在为客户提供的是带有芯片的银行卡，来替代原先传统的磁条卡。芯片银行卡也叫作金融IC卡，不仅具有一卡多用的优势，而且安全保密性强，很难被坏人复制或伪造。”说到这里，豆苞想了想，又继续说了下去，“我妈告诉我，他们还利用大数据处理技术，建立了人工智能欺诈交易识别模型，对银行卡的线上支付、ATM机提取现金和POS机消费中的异常交易进行实时监测。”

“当然，光靠银行重视还不行，我们自己也得做好防范，保管好银行卡以及交易密码等账户信息。”豆苞最后补充道。

毛爷爷的知识小宝库

财商(FQ即Financial Quotient)的本义为“金融智商”，它是指认识、创造以及管理财富的能力，包括观念、知识和行为这三个方面。

财商关系到一个人如何树立正确的金钱观、价值观和人生观。

财商与智商(IQ即Intelligence Quotient)、情商(EQ即Emotional Quotient)被人们并立为现代社会人们的三大不可缺少的素质，是实现成功人生的一个重要的要素。

据说，在人的一生中，开始形成财商的最佳时间段，是青少年阶段。

培养财商的途径有多种多样：开立一个专属于我们自己的银行账户，有利于养成勤俭节约的好习惯。利用我们自己的银行账户，我们还可以逐渐学会财富的管理，并帮助我们树立起正确的金钱观、价值观和人生观。

那么，究竟什么是银行账户呢？

银行账户是客户在银行开立的存款账户、贷款账户以及往来账户的总称。

为了控制风险，按照规定，对于不满16周岁(有的银行的限制更严格，规定为“不满18岁”)的少年儿童，他们的银行账户往往只具有存款、取款、消费、转账这几种基本的服务功能。

同样是出于风险控制的目的，在上述年龄范围内的小朋友，如果要在银行开立账户，都必须在父母(监护人)的带领下才能办理相关的手续。在办理手续时，银行会要求提供监护人的身份证以及户口簿(如果户口簿上的户主不是父母，那还必须提供孩子的出生证明等文件)。还有，如果小朋友已经有了自己的身份证，那么也可以一起带着。

1. 看看离你家最近的是什么银行。请父母带你去银行开立一个属于自己的账户，并参与开户的整个流程。

2. 请银行工作人员帮忙，尝试在智能自助机器上查询自己的账户信息。

一张神通广大的小卡片

“咦，前面不就是豆苞哥哥吗！”上次咪妮她们策划的主题班会举办得很成功，真少不了豆苞和他妈妈的热情帮助。因此，咪妮一直想找个机会，当面对豆苞表示感谢呢！说来也真巧，在校园里散步时恰好遇到了他！

于是，咪妮连忙赶上前去：“豆苞哥哥！谢谢你和你的妈妈帮助我们办班会！”

“看你说的，这是我们应该做的嘛！”豆苞谦虚地回答道，

“爸爸妈妈经常跟我说，看到有人需要帮助时，能帮就应该尽量帮。”两个小伙伴说得正起劲，小胖却匆匆忙忙地跑了过来，一把把豆苞拉到了一旁，说起了悄悄话。

咪妮好奇地凑过去，想听听他俩讲些什么。谁知小胖看了看咪妮，却立即闭上了嘴。

“你这么神秘兮兮的，干啥呀？”咪妮不高兴了。

豆苞连忙说道：“小胖，我们把刚才商量的事告诉咪妮吧！”接着，他又转身向咪妮解释道，“其实，小胖是想做件好事，只不过还在酝酿，所以不想到处说。”

原来小胖听说Y省的T地区受灾了，于是他过来找豆苞商量，准备发动同学们给灾区的学生送一批慰问品。当咪妮知道自己错怪小胖后，连忙向小胖道歉。

回家见到父母后，咪妮把这件事告诉了他们。咪妮说：“我也想参加这个募捐活动。”看到女儿这么有爱心，咪妮的父母非常高兴，都很支持咪妮，事情就这么定了。

第二天，咪妮拿出一份准备捐赠给灾区同学的图书目录清单递给妈妈。妈妈接过单子轻声念了起来：《雷锋的故事》《黄继光》《小兵张嘎》《中国现代爱国者的故事》《三毛流浪记》《上下五千年》《十万个为什么》——咪妮的妈妈发现，女儿选的书范围很广。

“你看，这上面还有供孩子们阅读的外国名著呢。”妈妈抬起头来对爸爸说道，“咪妮还把《安徒生童话选集》《普希金童话》《格林童话全集》《昆虫记》《伊索寓言》等都列在上面了。”

面对父母的夸奖，咪妮有些不好意思，她谦虚地表示：“这些多亏平时爸爸妈妈和朱老师的推荐。”原来，咪妮早就按照父母和朱老师的指引，认真看过这些书了，有些看过还不止一遍呢。像《十万个为什么》这样的好书，她已经看过好多遍了，而且每看一遍都有新的收获。

爸爸从头到尾仔细看了一遍清单，并在上面做了一些补充，说道：“这样吧，这个星期天，我们一起去书店把这些书买回来。”

在出发去书店之前，咪妮跟爸爸妈妈说：“我的银行卡里有我攒的零花钱，所以买书的钱我自己付。”

听说咪妮准备捐书给灾区孩子们，书店里的营业员叔叔和阿姨们，热情地帮咪妮找咪妮需要的书。

结账的时候，咪妮利索地将自己的银行卡递给了营业员叔叔。营业员叔叔用卡片在柜台的POS机上刷了一下，然后告诉咪妮卡里的钱不够买书。

这时，爸爸在一旁看见女儿露出尴尬的神情，立即拿出一张银行卡递给营业员，并对咪妮说：“咪妮，这次爸爸帮你付，如果你介意的话，这笔钱就算我借给你的，你什么时候有钱了再还给我。”

因为急于要筹集捐给灾区学生的书，咪妮这一次破例接受了爸爸的帮助。

“行，爸爸！今天您就先代我付吧。但我们一言为定，这笔钱是我向您借的，将来我一定会还给您的！”咪妮是个讲信用的好孩子。

回到家里，咪妮问爸爸：“爸爸，您的那张卡里是不是存了好多钱啊？”

咪妮的爸爸笑眯眯地回答道：“不是呀，我根本就没有往那张卡里存过钱。”

“咦，这就怪了！您的卡里并没有钱，却可以用来付款。太不可思议了！”咪妮惊讶地看着爸爸，百思不得其解。

见女儿一脸茫然的样子，爸爸拿出自己的银行卡递给了咪妮。“你看看这两张卡，尽管都是银行卡，却不一样。银行卡有两种，一种叫作信用卡，另一种叫作借记卡。你的那张是借记卡，而我的这张是信用卡。”爸爸告诉咪妮，“按照信用卡的属性，我可以用它先消费，到了规定的时间再和银行进行结算，不需要事先在卡里存钱。”

咪妮不由自主地赞叹道：“这真是一张神通广大的小卡片！”她拿着刚才爸爸递给她的这张卡片看了又看，爱不释手。

“既然信用卡这么有用，那为什么不给我办张信用卡，而是给我办了借记卡？”咪妮转念一想，问道。

爸爸告诉咪妮："申请信用卡必须具备三个基本条件。首先，申请人必须年满十八周岁，顺便说一下，银行对于最高年龄一般也会有限制。同时，申请人必须具有良好的个人信用记录。最后，申请人还应该有稳定的工作和收入，并且具备还款的能力。"

"到了一定的年龄，你就可以向银行提出办卡申请。经过银行审核，只要符合条件，银行肯定会发给你信用卡。"爸爸让咪妮尽管放心。

"好吧，那就等我长大以后再说吧。"对这张神通广大的小卡片，咪妮充满着期待，"总有一天，我也会拥有属于我的信用卡的，一定！"

如今，银行卡已广泛进入了人们日常生活的方方面面。

银行卡是一种金融工具。它是一种经过批准，由商业银行向社会公开发行，具有消费信用、存取现金和转账结算等功能的信用支付工具。按照其功能的不同，银行卡分为借记卡和信用卡这两大种类。

借记卡(Debit Card)是由商业银行或者其他金融机构发行的一种先存款后消费(或取现金)，没有透支功能的银行卡。借记卡具有存取现金、消费支付以及转账等的全部或其中的部分功能。

借记卡没有信用额度，所以不能透支。在使用借记卡前，必须将钱存入发卡银行的个人账户中，然后才能根据存款金额来消费，也就是"先存款后消费"。

目前，许多银行都推出了专供16岁(含)以下青少年儿童使用的儿童卡。这些儿童卡都具有一般借记卡所具备的存取款、消费支付以及转账等基本服务功能。

信用卡(Credit Card)，是由商业银行或者其他金融机构发行的一种具有信用额度的银行卡。信用卡同样具有存取现金、消费支付以及转账等功能。尽管信用卡不具有储蓄功能，但它却具有信用贷款的功能。

银行经过审核，在发卡时给予持有这张信用卡的持卡人一个信用额度(例如人民币10 000元)，于是持卡人不需要往个人账户中存钱，就可以在10 000元(含)这个额度以内实现消费支付，这也就是通常讲的"先消费后付款"。这是信用卡与借记卡最大的区别。

发卡银行按月对信用卡持卡人的消费费用进行一次汇总结算，并向持卡人发出账单。持卡人只需在指定还款日（或之前）按照账单所列明的应还款金额还款就可以了。

1. 请爸爸妈妈向你展示一下他们所持有的借记卡和信用卡，并请他们谈谈这两种不同种类的银行卡各自的特点。

2. 如果可能，了解一下爸爸妈妈每张信用卡的透支额度，并询问一下，为什么不同卡的透支额度不一样？

一个令人大开眼界的地方

星期一大清早，咪妮就拎着沉甸甸的一大包书，兴冲冲地来到了学校。尽管现在离上课的时间还早，但是在教师休息室的一个角落里，豆苞和小胖几个人，为了向灾区同学捐献物品的事情，早就忙得不可开交了。

来向灾区小朋友捐献物品的同学好多啊！有的人拿来了御寒的冬衣，有的人抱来了崭新的棉被，有的人拿来了学习用的文具——咪妮还看见老师们正忙着做登记和整理物品的

工作。

小胖看见咪妮费劲地拎着一大包书，赶紧去帮她。

“哇！你拿来这么多好书，真不简单！”小胖赞叹道。豆苞也闻声走了过来。他看见咪妮满头是汗，关心地说道：“这么多书，多重呀！为什么不早点告诉我？我帮你一起把这些书拿到学校来。”

“没关系啦，只是，昨天如果没有我爸帮我，我差点没能买成书。”咪妮把昨天买书的遭遇告诉了豆苞和小胖。

晚上回到家里，豆苞又把这件事详细告诉了妈妈。

说来也巧！豆苞的妈妈前几天恰好和单位领导钱行长商量，如何帮助附近学校的学生们学习一些关于金融理财方面的基础知识。听豆苞这么一说，妈妈就把她和钱行长商量的事告诉了豆苞，并嘱咐豆苞找张老师说一下这件事，豆苞点点头，高兴地答应了。

学校当然是非常乐意了！于是，在一个星期六的上午，殷校长、朱老师以及张老师带领咪妮、豆苞，还有小胖等十几位同学高兴地来到了银行的营业网点。

出发之前，校长做了动员，最后她特地叮嘱孩子们：“尽管周末来银行的人不会很多，但我们还是得严格遵守纪律，不要影响银行的正常秩序。”

能来到营业网点参观，同学们都瞪大了眼睛，好奇地东瞧

瞧、西看看，一切都是那么的新鲜。

这时，豆苞的妈妈指了指不远处正微笑着回答一位大妈问题的同事，向孩子们介绍道："同学们，这位阿姨是大堂经理。如果有什么不明白的，都可以找她。"

随后，豆苞的妈妈指着银行上空悬挂着的一块指示牌，介绍道："你们瞧，那就是我们网点里的现金服务区。需要存钱或是取钱，都可以去那里办理。"说着，豆苞的妈妈又带着孩子们来到一边，靠墙安装着三台机器。"请大家先看这两台，它们是存取款机，主要办理存取款业务。"豆苞的妈妈继续介绍道，"还有一台机器，它是一台查询缴费机，能帮助你了解自己账户里资金进出的变动情况。"豆苞的妈妈继续领着大家向里面走去。前方区域的上方也挂着一块牌子，牌子上写着"非现金业务服务区"几个大字。"如果需要购买理财产品，可以到这个区域来办理。"

"同学们，当前，国家要求我们金融业要增强服务实体经济的能力，为了支持小微企业的发展，我行还制定了一系列优惠政策，为这些企业提供全面的金融服务。"钱行长在一旁特地介绍道。

"什么是小微企业？"颖颖问道。

钱行长告诉大家，小微企业是小型企业、微型企业和家庭作坊式企业的统称。钱行长还告诉颖颖他们："小微企业是我

们国家国民经济和社会发展的重要基础，也是创业富民的重要渠道，在扩大就业、增加收入、改善民生等方面发挥着非常重要的作用。”

正当同学们兴奋地议论着的时候，突然听见英英大声说：“你们看！那边的每台机器上都有人在操作，还有不少人在排队等候。他们在干什么？”

众人应声往英英手指着的方向看去，只见在那个区域入口处的上方，也悬挂着一块牌子，写着“智能银行服务区”几个大字。

“嘘，大家讲话轻一点好不好？”站在一旁的咪妮赶紧提醒自己的同伴。

见孩子们对智能银行那么感兴趣，钱行长自豪地告诉大家：“‘智能银行’其实是近几年才出现的一种智能银行机。借助这种高科技的设备，不仅可以存取款和转账，还能做到自助开立账户、自助申办借记卡和信用卡、购买理财产品以及申请贷款等。也就是说，几乎所有以前需要在柜台办理的业务，现在都可以由‘智能银行’来办理。”

在场的殷校长、两位老师和孩子们一起频频点头，齐声赞叹道：“这真是太了不起了！”今天，孩子们真是大开眼界，收获满满！

毛爷爷的知识小宝库

平时常见的银行，例如中国工商银行、中国农业银行、中国银行、中国建设银行、中国交通银行以及中国邮政储蓄银行等，都属于商业银行。

那么，究竟什么是商业银行呢？

商业银行（Commercial Bank）是银行的一种类型。根据我国的《商业银行法》，各商业银行主要经营以下几种中的一部分或者全部业务：1.吸收公众存款；2.发放短期、中期和长期贷款；3.办理国内外结算；4.办理票据承兑和贴现；5.发放金融债券；6.代理发行、代理兑付以及承销政府债券；7.买卖政府债券以及金融债券；8.从事同业拆借；9.买卖以及代理买卖外汇；10.从事银行卡业务；11.提供信用证服务及担保；12.代理收付款及代理保险业务；13.提供保管箱业务；14.经国务院银行业监督管理机构批准的其他业务。

目前，我国的各家商业银行正在利用科技不断实现金融创新，以便更好地控制金融风险，提高经营效率，从而更好地服务大众、服务实体经济。

快快行动起来吧

1.和同学商量一下，并向班主任老师提议，请学校出面，联系附近的一家银行的营业网点，组织一次社会实践考察活动。

2.详细了解一下现在银行都使用了哪些高科技设备，又淘汰了哪些机器。

咪妮见到了大名鼎鼎的孙叔叔

“豆苞哥哥，你好呀！”咪妮有半个多月没有见到豆苞了，因此，还没等豆苞把门完全打开，她就高兴地跟豆苞打招呼。

豆苞赶忙把咪妮迎进了客厅。

“这是我给你的小礼物。”不等坐下，咪妮就急忙从包里拿出一只精美的小纸盒递给了豆苞。

“哇，好漂亮！”豆苞一边招呼咪妮坐下，一边打开了小纸盒，“太感谢你了！”

原来，里面是几只制作精美的手绘卡通冰箱贴！

“你们去外滩了？”豆苞发现，在这些冰箱贴里，其中有一只的图案展示了浦东陆家嘴的景象——东方明珠、上海中心、金茂大厦以及环球金融中心等建筑物，特别雄伟壮观！

原来前不久，咪妮一家去参观游览了外滩和浦东陆家嘴一带。

“是呀，那一带的变化可真大！”虽然已经过去了好几天，但咪妮仍然很兴奋，“你知道吗？以前并不起眼的北外滩和南外滩，现在却盖起了许多高楼大厦！你能想得到吗？现在那一片超级热闹！”

豆苞对咪妮的介绍很感兴趣，咪妮很高兴，更来劲了！她兴奋地接着说道：“现在黄浦江两岸的滨江都已全线贯通，还修建了供人们锻炼、休闲的步行道、亲水平台等设施，足足有45千米长呢！”

“哟，是小咪妮呀！好久不见了，家里人都好吗？”哦，是豆苞的爷爷来了！

豆苞和咪妮看向爷爷，豆苞的爷爷问咪妮：“这次你们见到了孙叔叔吗？”

咪妮知道，孙叔叔是爷爷得意门生，如今在国内一家大银行的投资银行部任首席研究员。豆苞的爷爷还特地把孙叔叔的联系方式告诉了咪妮爸爸，说是如果有需要，可以找他帮忙。

“和孙叔叔联系了。”咪妮高兴地告诉豆苞的爷爷。说着，咪妮从小挎包里拿出平板电脑给豆苞和爷爷看他们游玩的照片。看着看着，突然，豆苞指着一张照片，情不自禁地赞叹道：“哇！好神气的一头牛啊！”

“是呀，这是‘外滩金融牛’！它的肌肉多么结实，四肢多么强健有力，浑身散发出‘牛’气。我爸爸说，这头牛放在那里是有用意的。”咪妮热情地介绍起来。

豆苞的爷爷笑眯眯地问咪妮：“咪妮，你知道为什么要把那头牛放在那里吗？”见咪妮不说话，爷爷便说道：“那头牛放在那里是有用意的，待会我再告诉你们，咱们先继续往后看。”

“哎，这幢大楼我好像听说过——”豆苞指着另外一张照片说，“我想起来了！这是外白渡桥边位于北外滩的浦江饭店，爸爸说他小的时候，爷爷奶奶曾经带他去过那儿！”

“爷爷，我说得对吧？”豆苞转过身来，想从爷爷那里得到肯定的答复。

豆苞的爷爷回答道：“你说得有些对，但也不完全对。我以前的确带你爸去过这幢大楼，当时它只是一个饭店。但是你再仔细看看，如今照片上的这幢大楼，在‘浦江饭店’四个大字下面，大门的上方是不是还挂有一块牌子？”

“中国证券博物馆。”豆苞对着照片轻声念了起来。

“是呀，这里还设有一个‘中国证券博物馆’。”说着，豆

苞的爷爷又转身问咪妮："你们当时有没有跟孙叔叔到里面去参观？"

"进去了！孙叔叔说，这是我国唯一一家国家级的证券博物馆，也是上海市学生社会实践基地。"咪妮一边回答，一边指着另外几张照片，"你们看，这些照片都是我在证券博物馆里拍的。"

说着说着，咪妮突然想起，当时孙叔叔曾指着展板上一张装饰着青绿色花纹的小纸片说："这张'小飞乐'股票是这里重要的展品之一，尽管它早已退出历史舞台，但如今它却承载着一个新的职能：向世人讲述新中国资本市场风雨兼程的发展之路。"

"当时孙叔叔说的是不是这样一张股票？"豆苞的爷爷边说边在自己的手机里找出一张照片。

这是一张上海飞乐音响公司股票的照片。股票的下方有一行小字：一九八四年十二月经中国人民银行上海市分行批准发行。

"对！一模一样的！"咪妮惊喜地叫了起来。

爷爷告诉咪妮和豆苞，20世纪80年代，有一家生产扬声器的厂家——上海飞乐电声总厂，当时的厂长姓秦。秦厂长了解到市场上对于音响设备的需求量很大。为了满足市场的需要，他想在总厂名下新组建一个集体性质的"上海飞乐音响公

司”，专门生产音响设备。对于他的设想，上级公司非常支持，但要他自己筹集办厂的资金。

秦厂长并没有被困难所吓倒。他曾经听一些老工商业者说起，旧上海有很多民族工商业者，用发行股票的方法，集资解决了办厂的资金问题。秦厂长心想，这可是一个好办法！然而，这种做法行得通吗？要知道，那时还没有听说有人用发行股票的办法来筹集资金的呢！

“那后来怎么样了呢？”咪妮不禁为秦厂长感到着急。

“别着急！我们的政府和咱老百姓想到一块儿去了。”看到咪妮着急的样子，豆苞的爷爷安慰道。接着，爷爷又连忙说了下去：“在1984年8月10日，上海出台了新中国第一个有关证券方面的地方性法规。秦厂长终于如愿以偿。”

爷爷告诉豆苞和咪妮，通过向社会公众和职工发行股票，办厂所需要的资金终于有了着落，上海飞乐音响公司的成立也就水到渠成了。“咪妮，你们在中国证券博物馆里看到的，就是那时候秦厂长他们发行的股票。这‘上海飞乐音响公司股票’，它可是从无到有，新中国正式发行的第一只股票啊！人们亲切地称它为‘小飞乐’。”

接着，咪妮和豆苞又饶有兴趣地听爷爷给他们简明扼要地介绍了什么是股票、什么是证券以及两者的关系。

“这么看来，股票真好！用它可以为企业筹集到急需的资

金呢！”豆苞和咪妮这两个小家伙高兴得异口同声地嚷了起来。

“是呀，你们刚刚提到的上海南外滩和北外滩的建设，还有黄浦江两岸滨江的建设，都需要大量的资金投入。据说，光建造北外滩上的白玉兰广场，投入的资金就超过几亿元。这么多的资金哪儿来呀？当然，有些项目是由政府投入的，但还有的就要靠社会各方面的力量。借助发行股票等证券来筹措资金，就是其中一种行之有效的办法。”

“是呀，早在1983年，深圳的宝安县就是通过发行‘宝安县联合投资公司’的‘股金证’，解决了县里资金短缺的困难，有力地支持了当地的建设。”大家抬头一看，原来是豆苞的爸爸回来了。他手里还捧着一盘切好了的西瓜。“天气那么热，你们快来尝尝我刚买回来的西瓜吧。”豆苞的爸爸热情地向大家招呼道。

“今天我们就暂且先讲到这里。其实，股票的功用还不只是筹措资金。如果你们爱听，以后我再和你们慢慢聊吧。”爷爷说。

毛爷爷的知识小宝库

证券是多种经济权益凭证的统称，这些凭证表示持有凭证的人对于货币、资本或者商品等所拥有的权利。证券包括人们比较熟悉的股票、债券等。

股票是其中的一种有价证券，是股份有限公司在筹集资本时向出资人发行的股权凭证。

出资人持有股票，就成为这家公司的股东。这时，股票就代表持有股票的股东对于公司所享有的所有权。这种所有权是一种综合的权利，它包括可以参加股东大会、投票表决公司的有关事务、参与公司的重大决策、获得股息或者分享红利等。但是与此同时，如果公司因为经营不善等原因造成亏损时，股东也必须共同承担由此带来的风险。

股票的作用可大着呢！

企业通过发行股票，筹集分散在社会上的闲散资金，可以有效地解决发展所急需的资金。

但是，企业并不是随便就可以发行股票的。任何一家企业都必须根据国家有关的法律法规，按照一定的程序，在获得批准后方才可以发行股票。

1. 邀请上几位好伙伴，大家分头查阅图书、报刊或者上网寻找20世纪80年代通过发行股票为企业筹集资金的事例。然后在老师的指导下，以"新中国的弄潮儿"为主题，举办一次演讲比赛。

2. 如果来上海外滩，可以去浦江饭店看看中国证券博物馆。

股票怎么能“炒”

“咪妮，马上要开学了，你的暑假作业做完了吗？”出门上班之前，咪妮的妈妈心里还在牵挂着女儿的学业。

咪妮正在家门口，一边把地上的鞋子一双一双地整理好放进鞋柜，一边回答道：“妈妈您放心，我都按照老师的要求做好了！”

如今，在妈妈的帮助下，咪妮已经养成了良好的学习和生活习惯。每天早上洗漱完毕后，咪妮会很自觉地把自己房间整

理得十分整齐；放学一回到家里，她换好鞋后就洗手，然后换上专门在家里穿的干净衣服。再休息片刻，就抓紧时间精神抖擞地坐在书桌前，按照作息时间表开始做课外作业。

是呀，时间过得真快，眼看暑假马上就要结束了。

妈妈刚才的提醒，倒是使咪妮想起，豆苞的爷爷曾经答应过她和豆苞一件事呢，可这事至今还没办，眼看着就要开学了。于是，咪妮赶快拨通了豆苞家的电话。

电话那头，豆苞告诉咪妮，“我们俩真是想到一块去了！趁着还没有开学，我们约上‘小小理财家协会’的几位同学一起来我家，请我的爷爷给我们讲讲关于股票的那些事。”

这天上午，按照事先的约定，咪妮来到豆苞家。大门打开后，看到豆苞和他的爷爷一身像是马上就要出门的打扮，咪妮不禁一愣：“你们、你们这是——？”

看到咪妮一脸的疑惑，豆苞笑眯眯地说道：“快进来，小胖已经到了，我爷爷说，等还有几位同学到了以后，要带我们去一个好地方！”

“什么好地方？”咪妮好奇地问豆苞，“我们不是说好，今天请你的爷爷给我们讲讲关于股票的那些事吗？”

“我们只管跟着我爷爷去就是了。”豆苞笑了笑，向咪妮卖起了关子，“到时候你就知道了！”

不一会儿，咪妮、豆苞、小胖，还有英英她们，所有人跟着豆

苞的爷爷来到了一幢大楼的大门口。小家伙们好奇地直往里面张望。只见大厅里面人头攒动、人声鼎沸,热闹非凡!

“这是什么地方呀?”咪妮忍不住问站在身边的豆苞。

“嘘,轻一点!”豆苞在咪妮耳边压低声音说,“我刚才看了看大门边上挂着的铜牌。这里应该是我爸爸他们公司下面的一个营业网点。”

两个小家伙正在议论着,忽然听到豆苞的爷爷高声地招呼大家:“孩子们,这里的高经理过来接待我们了。”豆苞抬起头来,只见从大厅里面走出来了一位中年男子。豆苞的爷爷立即迎上前去向他打起了招呼。

随后所有人在豆苞爷爷的带领下,跟在高经理的后面,秩序井然地进入了营业大厅。

“哇,这面墙上的电子屏幕好大呀!”咪妮他们情不自禁地停下脚步好奇地仔细打量起来。孩子们看见屏幕上在快速地翻滚着红或绿的一排排文字和数字。

环顾四周,孩子们看到在大厅的中央,安放着一排排座位,坐了很多人。他们中有的人表情紧张,双眼牢牢地盯着屏幕;有的人却显得兴奋异常,和边上的同伴在高声交谈着;还有些人则三三两两在交头接耳,窃窃私语。

咪妮转过身来看了看四周。她发现在大厅两侧的靠墙处,一字排开,安放着一台台的电脑。在每一台电脑的前面也都有

人站在那里操作。

“大厅里这么许多人，他们到这里来干什么呀？”咪妮拉了拉豆苞的衣角，悄悄地问道。

“我以前曾经听我爸说起过，这些人应该是到这里来炒股票的。”豆苞回答道。

“炒股票？”咪妮瞪大了眼睛。她有些怀疑自己的耳朵是否听错了。她只知道，妈妈会做好多好多她喜欢吃的菜，炒菠菜、豆腐炒肉片和西红柿炒鸡蛋什么的。但是，这股票怎么能炒？她实在不明白！

“这个——，我好像听我爸和我妈说起过炒股，但是炒股究竟是怎么回事，我也说不清楚。”豆苞说完，挠了挠脑袋。

“来，我们找个地方坐下来，我来给你们好好介绍一下。”高经理似乎看出了孩子们的心事，微笑着把咪妮他们带进了会议室。

“同学们，豆苞的爷爷要我给你们讲讲关于股票的事。但是，给小朋友讲这方面的知识，对于我来说这还是头一回。”高经理清了清嗓子，继续说道，“因此，我想先请你们告诉我，你们希望我讲些什么。”

高经理的话音刚落，咪妮就迫不及待地把心里的疑问一股脑儿地说了出来：“高叔叔，听说楼下大厅里的那些人都是上这儿来炒股票的。我就不明白，这股票又不是肉和菜什么的，怎

么能炒？这炒股票究竟是怎么回事？”

咪妮的话引得小伙伴们一阵哄堂大笑。咪妮朝四周瞧了瞧，显得有些不知所措。

“嘘，请大家别笑！我觉得咪妮问得有道理！请问，你们中有谁能回答咪妮提出的问题吗？”望着咪妮尴尬的模样，小胖赶忙站起来帮她解围。

“是啊，小胖说得对，咪妮问得有道理！我也搞不清楚炒股是什么。”玲玲在一旁附和道。英英接着说：“对！高叔叔，就请您给我们讲讲关于炒股的事吧，我们都爱听。”

同学们在座位上你一言我一句，纷纷表示赞成。过了不一会儿，会议室又渐渐安静了下来。

“同学们，我听豆苞的爷爷告诉我，你们中的有些同学已经知道什么是股票，而且还知道股票可以帮助企业筹措资金，有利于国家的建设了。”高经理见豆苞的爷爷微笑着在向他示意，知道现在该把话题引到今天要讲的主题上去了，“那么，股票与我们的投资理财有什么关系呢？”

见同学们都全神贯注地听着，高经理继续讲了下去：“我想，你们的家长都有把一部分钱存到银行去的习惯。那么，我问你们，为什么要把钱存到银行里去呢？”

“储蓄可以支援国家建设！”“储蓄有助于养成勤俭节约的好习惯！”“储蓄可以让钱生钱！”……同学们你一言我一语，在

座位上大声回答道。会议室一下子显得热闹起来。

高叔叔望着这群可爱的孩子，露出了满意的笑容。他高兴地告诉大家："同学们说得好！那我告诉你们，股票也有和储蓄相似的功能，而且只要操作得当，股票也能使钱生钱呢！"

"什么？股票也能使钱生出钱来？"孩子们好奇极了。

"对！不过，要使股票帮我们实现'钱生钱'，那就需要炒股。当然，这个'炒'不是像炒菜一样把股票放在锅里炒，而是因为长期以来，人们习惯于把买卖股票的活动称为'炒股票'，简称为'炒股'。"

高叔叔告诉同学们，楼下大厅里的那些人，就是在炒股。目前正是交易的时间。大厅那面墙上的电子屏幕上那些快速翻滚着的或红或绿的文字和数字，就是不断变动的各种股票的价格情况。

"原来，每一种股票的价格随时都在发生变动，忽高忽低。"咪妮回忆起刚才跨进大厅时看到的那一幕，这时才恍然大悟。

高叔叔告诉同学们，炒股的人往往选择自己熟悉的股票，在价格低的时候将它们买进，然后等价格上涨到一定程度的时候再将它们卖出；通过买进与卖出之间的差价来获得收益，达到"用钱生钱"的目的。

正在这时，咪妮看到英英举起了手问高叔叔道："叔叔，我能不能这样理解，炒股的目的就是通过低买高卖赚取差价来获

得收益呢?”

见高叔叔点了点头，英英继续说了下去:“不过，万一我刚刚买进一只股票,它的价格就一直往下掉,那不就亏了吗?”

高叔叔看了看周围的同学们，发现大家的目光都充满了期待，于是回答道:“这就是炒股不同于储蓄的地方。如果买进一只股票后，它的价格却一路下滑，这时把它卖出去，肯定就亏了。”说到这里，高叔叔加重了语气告诉同学们，“所以呀，炒股是有风险的。”

高叔叔告诉同学们，大厅里那块大屏幕上写有“股市有风险，入市须谨慎”几个大字，就是告诫炒股的投资者，虽然买卖股票可能会带来高收益,但是也存在着巨大的风险。

见时间不早了，高叔叔建议豆苞的爷爷带同学们再到楼下的大厅里看看。“至于具体怎么炒股，这里面的学问可深着呢，以后还是请豆苞的爷爷或爸爸抽出时间到学校去，专门给同学们好好讲讲吧。”

一、股票是一种重要的投资工具。投资股票有可能会获得投资收益。

首先，当投资者买进了某一个上市公司的股票以后，就成了该公司的股东。如果公司经营有方，持续地盈利，公司就会将每年所获利润的一部分，按照每一位股东所持有股份的比例来回馈给投资者。投资者由此获得的收益，称为股利收入。

股利收入主要有两种：现金股利以及股票股利。

现金股利俗称"派现"，就是发行该股票的上市公司以货币的形式发放给股东的股利。

股票股利也叫"送股"，是指发行该股票的上市公司以增发股票的方式，按一定的比例给每一位股东配送股票。

投资股票可能获益的另一个重要途径就是买卖股票，俗称"炒股"。投资者可以根据自己的投资计划以及市场变动的情况，在股票交易市场买进或者卖出股票，通过低价买进高价卖出，得到的差价就是投资者的收益。例如，钱大爷今天买进了1000股某个上市公司的股票。股票的单价是每股人民币10元，为此他一共花去了人民币1万元。一个月后，他发现这个公司的这只股票的价格上涨到了每股16元。于是钱大爷把这1000股的股票全部卖出，收入为人民币16 000元。扣去少量的股票交易手续费以后，这将近6000人民币就是顾大爷的投资收益。

二、按照规定，炒股也就是买卖股票，必须通过证券公司。

证券公司是依照《公司法》和《证券法》的规定，经过国家主管机关批准，

并且取得工商行政管理部门颁发的营业执照后，专门经营股票等证券业务的机构。目前在我国有一百多家证券公司。

成年人如果要想炒股，首先必须持本人的有效身份证件，选择一家证券公司，然后到这家公司的营业厅去开设股东账户。与此同时，还要指定一家银行，今后炒股资金的转进转出，都通过在这家银行开立的银行账户进行。

办好了以上手续以后，再从这家证券公司的网站上下载该公司的交易软件，在登录交易系统后，就可以炒股了。

如今，随着我国科学技术的进步，人们不仅可以去证券公司的营业网点开户、炒股，而且还可以在自己的电脑或者在手机上开户、炒股。事实上，随着我国互联网技术的突飞猛进，如今越来越多的证券公司已经摒弃了传统模式的营业厅，而代之以网上营业厅这种全新的服务模式。

1. 假设你“拥有”1万元现金。选择一种股票进行一个月“炒股”。详细记录一下你的这只股票在一个月内的涨跌情况。

2. 和爸爸妈妈讨论一下，为什么有人炒股赚钱，有人炒股亏钱?

外婆珍藏在小木盒里的宝贝

一天早上，豆苞约上咪妮，两人一起去找小胖、爱丽丝、颖颖和安娜他们。

原来，居委会的刘主任打算邀请孩子们一起去养老院慰问老人。豆苞和咪妮这是去约小伙伴们一起排练节目。到时候，他们要拿出最精彩的节目献给养老院的爷爷奶奶们。

盛夏的天气又闷又热，连一丝风也没有。虽说还是清晨，但他俩的额头早已沁出了点点的汗水。豆苞和咪妮顾不上这

些，依然加快脚步在人行道上匆匆往前赶路。

“你看马路对面银行的门口！”咪妮突然停下脚步，拉了拉豆苞的衣角。

豆苞停住脚步，顺着咪妮手指的方向看了过去，只见银行门口那里熙熙攘攘都是人。

“奇怪，现在离银行开门营业的时间还早着呢，他们在那里干吗呀？”豆苞往人群里仔细打量了一会儿，发现人群里多数是白发苍苍的老人。

“是呀，我记得上个月，好像也是这一天，外婆带我经过这里时，这家银行门口等开门的人也很多。”咪妮是个细心的姑娘，她觉得这里面肯定是有什么原因。

“同学们正等着我们俩呢，这事慢慢再讲吧。”豆苞担心小胖他们等得着急，一把拉起咪妮继续往前赶路。

排练场上，豆苞、咪妮和同学们个个满头大汗，浑身上下都湿透了。但是，他们按照指导老师黄老师的要求，一丝不苟地排练着一个又一个的节目。

在咪妮还小的时候，她的妈妈就告诉她要留心观察周围的世界，认真思考。此时，咪妮在心里还惦记着刚才在银行门口看到的那一幕。她想排练结束回家后，一定想办法了解一下。

“哎哟喂，我的小宝贝！”外婆打开家门，看见是外孙女回来了，连忙把咪妮领进了屋内，“看你，怎么像是从水里捞上来似的？快去洗个澡吧！”

外婆是为了照顾放暑假待在家里的外孙女，临时搬过来住的。

“外婆，您知道吗？今天家附近那家银行的门口又是人山人海，和上个月我们俩经过的时候一模一样。”咪妮边喝着外婆递过来的百合绿豆汤，边说道。

外婆略微想了想，接着说道：“看来，他们多半是冲着买国债去的。”

“国债？什么是国债呀？买国债为什么要起这么早？”咪妮不明白。

“乖孩子，国债是利国利民的好东西，现在老百姓购买国债的积极性可高着呢！因为担心去晚了买不到，所以才会有这么许多人冒着酷暑早早地等候在银行门口。”听得出，外婆对国债很熟悉。

听外婆这么一说，咪妮对国债更是充满了好奇心。于是她缠着外婆继续给她讲讲国债到底是怎么一回事。

“这样吧，明天正好是星期六，我要回自己家去看看。你妈早就和我商量好了，你们一家三口陪我一起过去，你父母也一直牵挂着你外公呢。”其实外婆知道，咪妮也挺惦记外公的。她看了看咪妮，继续说道，“这国债究竟是怎么一回事，到时候就请你外公讲给你听，他比我讲得清楚。”

咪妮心想也是，外公退休前是一家宾馆的经理，接触的人多、见识广，知识可渊博呢！咪妮平时最喜欢听外公讲故事了。

外婆一走进自己的家门，就和老伴悄悄地咬起了耳朵。她要给咪妮一个惊喜。

于是，等咪妮他们一家三口在客厅坐定，咪妮的外公就对外婆说道："老伴，快把你那个宝贝拿出来给咱们的小咪妮瞧瞧。"

过了不一会儿，咪妮看见外婆捧着一只扁扁的小木盒从里屋回到客厅。

"这个小木盒里到底是什么宝贝？"正当咪妮在胡思乱想的时候，外婆把小木盒放在茶几上，小心翼翼地打开了盖子。

"一张100元的钞票？但是——100元的钞票可不是这样的呀！"咪妮探身往小木盒里张望，她觉得奇怪极了！

咪妮又仔细看了看，只见小木盒里的那张"钞票"上面，墨绿色的图案印制得非常精致，初看还真像是一张钞票！

"中华人民共和国国库券。"咪妮照着上面的字样轻声念了出来。

"对！它的确不是钞票，它是一张我们国家在1982年发行的国库券。你外婆把它当作宝贝一直珍藏到现在。"咪妮的外公微笑着点了点头。

外公告诉咪妮，当年国家为了筹措资金，加快建设的步伐，就发行了这种国库券。外公指着小木盒里的这张国库券，对咪妮继续说道："国库券其实是国家向企业和老百姓借钱所出具的一张借条。到时候凭借它，国家支付利息和偿还本金给企业和老百姓。"

说着说着，外公在小外孙女面前夸起了自己的老伴："刚开始时，许多人对于国库券不了解，得发动各方面的力量去动员老百姓购买。那时，你外婆作为居委会的干部，自然就带头认购了。"

尽管咪妮的妈妈当时年纪还小，但是直到现在她还能清晰地回忆起，由于咪妮的外婆带了头，当年社区居民购买国库券时那个热闹的场面。

咪妮的妈妈自豪地告诉女儿："你外婆人缘好，她一带头，他们居委会的认购任务很快就完成了。为此，你外婆还受到了上级的表扬。"说着，她指着小木盒里的那张国库券告诉女儿，"这张100元面值的国库券就是你的外婆当年带头购买来的，她一直当成宝贝放在这只小木盒子里面。"

"外婆，您真了不起！"咪妮这才明白，外婆为什么把这张国库券当作宝贝珍藏起来。原来它还记载着外婆这么一段光荣的历史！

"咪妮，还是请外公继续给你讲关于国债的那些事吧。"外婆谦虚地想把话题从自己身上引开。

“咪妮，刚才我说到哪里了？”外公略微想了想，这才回到原先的话题继续讲了下去，“现在你应该明白，这国库券，其实就是早年国家向社会举债所出具的债务凭证。由于国库券的信誉好，投资回报也不错，进入20世纪90年代后，国库券开始受到了老百姓的追捧。”

“噢，照您这么说，我和外婆在银行门口看到的那些人，多半是抢着去买国库券的呀。”然而，细心的咪妮又转念一想，“不对呀，记得外婆昨天明明说，他们是去买国债的呀，她为什么不说是去买国库券呢？”

外公似乎已经猜出了咪妮的心思。

“我想，你外婆可能会告诉你，那些人是去买国债的。的确，国家在早期是采用国库券作为购买国债的凭证，但是国库券的流通以及保存都不方便。随着科学技术的进步，国家已不再印制国库券这种实物券，而是改为用填制国库券收款凭证，或是以电脑记账这些无纸化的方式来发行国债。”咪妮的外公进一步告诉孙女，用填制国库券收款凭证这种方式发行的国债，被称为凭证式国债，而用电脑记账这种无纸化的方式来发行的国债，被称为记账式国债。

听着外公深入浅出的讲解，咪妮终于明白，为什么外婆说“国债是利国利民的好东西”了！

毛爷爷的知识小宝库

国债，又称为国家公债。它是国家根据建设的需要，以国家的信用为基础，向社会筹集财政资金所形成的债权债务关系。

由于国债是由国家发行的，所以它的信用等级最高，被公认为最安全的投资工具。

国家向投资人出具的、承诺在一定时期支付利息以及到期偿还本金的债权债务凭证，叫作国家债券。

早期，我国的国家债券采用无记名式的实物券，包括国家建设公债以及人们熟知的国库券等。国库券的全称为“中华人民共和国国库券”。1994年起，随着我国科学技术的进步，国家同时推出凭证式国债以及记账式国债。在这之后，从1998年起，国家不再发行新的国库券。

凭证式国债又称为储蓄式国债，采用“中华人民共和国凭证式国债收款凭证”作为债权债务的凭证。

记账式国债又称为无纸化国债，它采用在电脑上记账的方式，确认双方的债权债务关系。

1. 邀请你的长辈给你讲讲他们当年购买国库券的故事。

2. 去银行询问一下目前都有些什么国债在发行？它们的收益是多少？

妈妈在超市里的一席话

一个星期天的上午，天气晴好。因为下午要去探望爷爷奶奶，豆苞跟着爸爸和妈妈去附近的一家超市购物。

豆苞留意到在超市的附近有一家银行网点，他忽然想起昨天傍晚咪妮从她外婆家回来后给他说的事情。于是，他向妈妈打听道：“妈妈，咱们家有没有国库券呀？”

豆苞的爸爸觉得奇怪，儿子怎么会提出这样的问题？当他了解到事情的原委后，告诉豆苞：“咱们家已经没有当年的国库

券了,但是你爷爷还有一张,也说是留作纪念用的。”

“其实,国库券早已停止发行了,但是当年发行的那些国库券目前仍然值钱,而且还比原来增值!”豆苞的妈妈在一旁又补充了一句。

“妈妈,咪妮的外婆说,国债是利国利民的好东西,既然如此,那咱们家为什么不买些国债呢?”

“现在买国债的人实在是太多了!我和你爸不想与他们一起争着买国债。”妈妈解释给豆苞听。豆苞点点头,表示了解了。

一家三口一路说着话,不知不觉已经走进了超市,来到了水果销售区域。

豆苞忙着帮妈妈一起挑选起黄香蕉苹果。这种苹果特别香甜,而且放久之后口感会变得绵绵的,奶奶最喜欢吃了。

豆苞的爸爸则拿了一些新疆阿克苏苹果。这种苹果的果核几乎是透明的,又脆又甜。豆苞最爱吃了。

“你瞧,这些人和我们一样,都在挑选自己中意的苹果。”豆苞的妈妈指了指身边的人群,悄悄地告诉儿子,“其实,债券就像这里的苹果一样,品种可多着呢!我们不争买国债,但是可以像挑选苹果一样,买一些我们想要的其他债券。”

妈妈接着告诉豆苞,尽管购买别的债券不像买国债,会存在一定的风险,但是买这些债券的风险比起投资股市要小,因此,这些债券也是一种很好的投资工具。

豆苞这还是第一次听说，除了国债还有其他的债券。于是，他要妈妈告诉他，除了国债究竟还有哪些债券，它们和国债又有什么不同。

豆苞的妈妈想了想，对儿子说道："关于债券的事几句话说不清，回头让你爸好好跟你说说。现在我们还是抓紧时间采购吧。"

在爷爷的家里，刚吃过晚饭，豆苞就缠着爸爸，让他给自己讲讲关于债券的事情。

豆苞的爷爷见孙子这么好学，暗自感到高兴。于是，他马上起身从书房里拿来了自己精心保存着的那张国库券，把它递给了豆苞："你看，这就是我当年认购的那张国库券。"

看到这张国库券，豆苞的爸爸眼睛一亮，立即打开了话匣子，兴奋地告诉儿子："豆苞，我们得好好谢谢爷爷！什么是债券？用你爷爷的这张国库券，很容易讲明白。"

豆苞的爸爸告诉儿子，所谓债券，其实就是在借债关系中关于债的证书，它具有法律效力。在借债关系中，既然债券的发行人从购买债券的人那里筹措到了资金，那么他理所当然负有还债的义务，因此债券的发行人被称为债务人，而购买债券的人把钱借给了债券的发行人，那么他就理所当然应该享有收回所借出的资金并且获利的权利，因此购买债券的人被称为债权人。

“就拿眼前这张国库券来说吧，它就是一张印制精美的债券。你看，在它上面明明白白地记载着发行这张债券的目的、发行的对象、面额、利率、期限以及还本付息的办法。”豆苞的爸爸向儿子如数家珍似的娓娓道来。

说到这里，豆苞的爸爸觉得应该考考儿子。于是他停止了介绍，反问起豆苞来：“现在请你说说看，这国库券的债务人是谁？债权人又是谁？”

豆苞把爸爸刚才和他说的话回忆了一遍，又看了看手里拿着的这张国库券，回答道：“爸爸，我认为国库券的债务人应该是国家，而认购国库券的居民个人、个体商户、企业、事业单位、机关、社会团体和其他组织，就是债权人！”

“你说得对！”豆苞的爸爸显然对于儿子的回答非常满意。

“另外，现在发行的凭证式国债以及记账式国债，它们也清楚地记录了债权债务关系。”原本一直在一旁专心致志地倾听谈话的豆苞妈妈，此时也忍不住加入了父子俩的交谈。

“妈妈，您刚才在超市里不是说，除了国债还有其他各种各样的债券吗？那么它们又是由谁发行的？还有，这些债券和国债又有些什么区别？”

豆苞的爸爸说：“你妈说得对，债券有很多类型，例如地方政府债券、金融债券和公司债券等。”

“最近我们还向客户介绍一种叫作国债逆回购的投资手

段。在目前市场波动比较大的情况下，采用国债逆回购也是一种不错的选择。”豆苞的爸爸在介绍了各种债券之后，又补充了一句。

“国债逆回购？”豆苞想，怎么现在又冒出了一个国债逆回购？“逆回购究竟是怎么回事？”真让人费解！

豆苞的爸爸微笑着告诉儿子，国债逆回购本质上是一种短期贷款，也就是说，投资人通过国债回购市场把自己的资金借出去，获得固定的利息收益。而回购方，也就是借款人，用自己的国债作为抵押获得这笔借款，到期后归还本金并且支付利息。“客户在自己的证券账户里操作国债逆回购非常方便。到期后，本金和利息也都会自动入账。”

豆苞的爸爸喝了口茶，看了看四周。他发现，不仅是儿子，而且连自己的父母都在津津有味地听着他和豆苞的交谈。于是便接着说了下去：“由于有证券交易所的监管，因此国债逆回购不存在资金不归还的情况，安全性好、风险较低。而且，国债逆回购的收益要大大高于同期银行存款的利率水平，特别是在月末、季度末以及年末，这些时候市场资金往往偏紧，收益率会比平时高出许多。由此可见，国债逆回购也是一种不错的投资手段。”

“哦，原来如此！怪不得您刚才说，采用国债逆回购也是一种不错的选择！”豆苞感到今天真是长了不少见识。

毛爷爷的知识小宝库

债券是政府、金融机构以及工商企业等直接面向社会借债以筹措资金时，向投资人发行的一种债权债务凭证。发行债券的债务人明确承诺，将按照约定向债券的持有人支付利息以及偿还本金。

债券的收益比储蓄高，而风险要比股票低，所以债券是一种不错的投资工具。

按照发行者的不同，债券可以分为政府债券、金融债券以及企业债券这三大类。

政府债券又分为国家债券以及地方政府债券。国家债券即国债由中央政府发行，具有最高的信用等级，因此也被称为“金边债券”。

金融债券由银行或其他金融机构发行。在我国，目前主要是由国家开发银行以及中国进出口银行发行。

企业债券顾名思义是一种由企业发行的债券。其中，由股份制公司发行的债券也称之为公司债券。

在以上这三种债券中，企业债券的风险最高，金融债券其次，而以政府债券为最低。

在诸多风险中，因为企业经营不善而造成的违约风险，是债券中最要引起重视的一种风险。

1. 请梳理一下国债和别的债券的相同之处以及不同的地方。为此，可以请你的父母或者周围熟悉的人给你提供帮助，或者自己上网查找有关资料。

2. 和老师或爸爸妈妈讨论一下，任何一家企业都可以发行债券吗？

找个高手来帮忙

多年来，玲玲的爸爸和妈妈夫妇俩，每天起早贪黑地经营着自家的便利店，服务周到极了！因此，店里总是顾客盈门，生意红红火火的。

玲玲的爸爸和妈妈还是远近闻名的爱心人士。附近马路的环卫工人想要休息的时候，夫妇俩总是热情地邀请他们进店里，同时端上茶水供工人们解渴。每当逢年过节，不管店里的活有多忙，玲玲的爸爸或是妈妈，也总是和居委会的干部一起带着营养食品，去探望孤寡老人。

玲玲的许多同学都听说过玲玲父母助人为乐的事迹，大家都很佩服他们。同学们有时会聚在一起聊起各自的家长，这时大家总会跷起大拇指，异口同声对着玲玲夸奖道："你的爸妈真了不起！"玲玲也为自己有这样的父母而感到骄傲！

但是，最近玲玲家里好像发生了什么事情。

一天，趁着学校午间休息的时候，玲玲悄悄地问豆苞："豆苞，我有件事想请你帮帮忙，不知道你愿意不愿意？"

"什么事情？如果我能帮，我肯定会帮你的。"豆苞爽快地回答道。

原来，自从玲玲参加了"小小理财家协会"以后，为了支持女儿参加活动，玲玲的爸妈有意识地让女儿参与到自己家的理财中，所以玲玲逐渐对于父母的理财安排有了一些了解。

由于玲玲的父母经营有方，平时又省吃俭用，所以家里逐渐积累起了一些资金。最初，他们把这些钱作为存款全都存入了银行。上次，出于玲玲的强烈要求，又听了玲玲的班主任张老师的介绍，他们就给女儿买了一份少儿保险。在这以后，玲玲的爸妈从保险公司的营销员那里又对保险有了更多的了解，于是他们又为自己买了养老保险和医疗保险。再后来，玲玲的爸妈认识了银行的理财经理，又买进了不少理财产品。

"但是，昨晚上我听到我爸妈在悄悄地议论，说是最近银

行的理财产品的投资回报率一直在往下掉，而对于股市他们又不了解，不敢贸然投入，所以心里非常着急。”玲玲说出了自己父母的担忧，着急地向豆苞求援道：“我知道你爸在证券公司工作，你妈又在银行里。你看你能不能把我家的情况告诉他们，请他们帮我们出出主意？”

第二天一早，趁着还不到上课的时间，豆苞给玲玲带来了回音。豆苞告诉玲玲：“昨晚我把你家的情况告诉我爸和我妈了。他们说，你爸和你妈平时忙于经营店里的生意，在这种情况下，的确不适合盲目进入股市，但是如果他们有兴趣的话，不妨购买一些基金。我爸还说了，你爸和你妈如果有什么需要进一步了解的，欢迎他们去找他。”

玲玲谢过了豆苞，并要豆苞转达她对豆苞爸妈的感谢。回家后，玲玲把豆苞父母的建议告诉了爸爸。

玲玲的爸爸乐于助人，但是自己有事却不想轻易麻烦他人。他和玲玲的妈妈商量以后，决定还是先去找自己的银行客户经理小张。

小张是个做事利索、对客户很有耐心的年轻人。当他仔细听完玲玲爸爸的来意后，觉得按照玲玲他们家目前的情况，可以推荐玲玲的爸爸适当购买一些基金。

“当然，对于基金首先要有个基本的了解。”小张在详细介绍了有关基金的基础知识后，对玲玲的爸爸说道，“严格来

说，基金有好几种，您现在想购买的基金，其实是指证券投资基金。”

小张告诉玲玲的爸爸，基金的确是一种很好的金融投资工具，但是它与股票、债券不同，基金是一种间接的投资工具。

“为什么说，基金是一种间接的投资工具呢？”见对方脸上流露出迷惑不解的表情，小张继续介绍道，“这是因为，基金是把从众多投资人那里筹集来的资金，交给基金管理公司的专业团队去打理，由他们负责将这些资金投资于股票和债券等，从而达到为客户实现资产保值增值的目的。”

“噢，原来买基金就是请理财专家来帮我理财呀！”玲玲的爸爸现在开始明白，豆苞的爸爸为什么会建议他购买一些基金了，“这可真是太好了！”

“是呀，国家对于基金公司的设立和运营都有严格的要求。而且这些专业团队具有丰富的证券投资经验。”小张又进一步解释道。

玲玲的爸爸是小张的老客户了，对于他家的情况，小张是有所了解的。于是，小张对玲玲的爸爸说：“像您这样对证券市场既不熟悉又没有时间去研究，但又想获得比一般理财产品高一点的投资收益的客户来说，购买基金的确是一种不错的选择。”

小张还请玲玲的爸爸放心，“为了保障基金投资者的权益，

防止投资者的资金被挪作他用，国家规定由合格的商业银行来担任基金托管人。在基金运作的全过程，由基金托管人担负起资金保管以及交易监督等职责。”

“这真是太好了，那你就赶快帮我买些基金吧！”听了小张的介绍，玲玲的爸爸心里更踏实了。他心想：“我原本就是根据豆苞的爸爸的建议上这里来购买基金的。”

“但是——”小张欲言又止。

“但是什么呀？买就买呗！”此时，虽说玲玲的爸爸人在银行，但心里还在惦记着自己小店里的事情，因此显得有些不耐烦。他不明白，平时办事利索的小张，此时怎么会这么磨蹭。

小张察觉到了玲玲的爸爸脸部表情的变化，他对玲玲的爸爸说道：“尽管投资基金的风险比起投资股票的风险要小些，但是投资基金毕竟还是有风险的，对此您要有充分的思想准备。”

小张接着又问玲玲的爸爸：“再说，市场上现在有好几千只基金，您想买什么样的基金呢？”

小张这一问，可真把玲玲的爸爸给问住了！“有那么多的基金啊！那我究竟买什么基金才合适呢？”玲玲的爸爸想听听小张的意见。

小张告诉玲玲的爸爸，基金主要有股票型基金、债券型基金、货币市场基金，还有混合型基金这四大类。“它们各有特点，风险大小各异。当然，投资回报也各不相同。”小张就这四种不

同类型的基金向玲玲的爸爸做了详细的介绍。

最后，小张提议道："这样吧，您可以根据您的需要，在我的这台电脑上挑选您想购买的基金。当然，我也可以向您做些推荐和介绍。如果有什么问题的话，我们再一起研究。"

最后，玲玲的爸爸在小张的帮助下，终于按照自己的意愿，买到了三只股票型基金。他那高兴劲啊，可就甭提啦！

证券投资基金是一种间接的证券投资方式。社会公众作为投资者，是通过购买基金而非直接购买股票、债券等证券，间接投资于证券市场的。

在我国，为了保障基金投资者的权益，防止投资者的资金被挪作他用，国家规定由合格的商业银行来担任基金托管人，把从众多投资者那里集中起来的资金，交由专业的基金管理公司作为基金管理人管理和运用。

基金管理公司负责从事股票、债券等金融工具投资，基金的投资者享受证券投资基金的投资收益，同时也承担亏损的风险。

一、证券投资基金具有以下一些主要的特点：

（一）投资者是通过购买基金而间接投资于证券市场。

（二）众多基金投资者所集中起来的资金，由专业基金管理公司的专家运作、管理并专门投资于证券市场。

（三）具有投资入门“门槛”低、所收取的费用少的优点。

1.在我国，每份基金的单位面值大多数为人民币1元。投资者可以根据自己的财力和需要，决定购买的份额，从而解决了中小投资者因资金不多而入市困难的问题。

2.基金管理公司根据所提供的基金管理服务，向基金投资者收取一定的费用，但下面要介绍到的债券型基金和货币市场基金，其收取费用的标准比购买股票所需要的低。

（四）基金管理公司把由众多投资者那里汇集起来的资金投资于不同的股票或者债券，因而具有组合投资、分散风险的好处。

（五）基金投资者可以根据需要或是在规定的时间以后购买或者赎回基金，因而流动性强，而且基金的买卖程序也非常简单。

二、根据所投资对象的不同，可以把证券投资基金分为不同的类型。

其中最基本的种类有如下四种：股票型基金、债券型基金、货币市场基金以及混合型基金。

（一）股票型基金是以股票为主要投资对象的基金；债券型基金是以国债、金融债和企业债等债券为主要投资对象的基金；货币市场基金是投资于货币市场上短期有价证券的一种基金。这些短期有价证券主要包括国债、商业票据、银行定期存单、政府短期债券以及企业债券等。而混合型基金则是一种既投资于股票，又投资于债券的基金。根据投资比例的不同，混合型基金又可分为偏股型、偏债型、股债平衡型以及灵活配置型等几种不同的类型。

（二）在以上四种基金中，股票型基金投资的重点是股票，所以它的风险比其他几种类型的基金都高。债券型基金的收益比较稳定，但相对于股票型基金，它的风险较低，在通常情况下，收益也不如股票型基金。而混合型基金，因为配置比较均衡，风险相对于股票型基金要小。所以，在牛市中，股票型基金的收益要高于混合型基金；而在熊市中，混合型基金的损失相对于股票型基金要小。

货币市场基金则明显具有收益稳定，流动性强，风险低，资本安全性高等特点。

1.向你的父母了解他们有没有持有基金。如果有，请他们谈谈他们购买了哪些基金，收益如何？对于投资基金，他们有什么体会和经验？

2.在网上搜索一下目前国内各大基金的排行榜。

“懒人”自有“懒福”

“这两封信是从保险公司寄来的。”豆苞的奶奶边说边把手中的两封信递给了老伴。

豆苞的爷爷利索地拆开信封，取出里面的信函仔细看了起来。

“保险公司通知我们，咱们以前买的养老保险可以开始领取养老金了。”豆苞的爷爷说完，高兴地把信递给老伴看。

豆苞的爷爷和奶奶相濡以沫，在几十年风雨人生中相互扶

持，一路走了过来。

豆苞的奶奶看完信函，对老伴说：“这钱我们一时也用不着，你就看着办吧。”

豆苞的爷爷知道，自己的老伴事业心特别强。从年轻时起，她就一心扑在工作上，这当家理财的事就交给自己了。

“既然这些钱一时不需动用，那咱们就拿到银行买理财产品。你看怎么样？”豆苞的爷爷还是征求老伴的意见问道。

豆苞的奶奶当然是赞同的了。

“但是——”豆苞的爷爷又拿起信函看了看，这才说道，“当初咱们买的保险产品并不一样，因此养老金发放的方式也不相同：我的这份是按年发放，而你的这份是按月发放。”

“那又怎么样？”豆苞的奶奶不明白老伴的意思，一脸疑惑。

“这些钱如果用于日常开销，那么按月发放的养老金就比较合适。但是如果拿来买理财产品就显得有些麻烦。”豆苞的爷爷解释道，“你想，那你得每个月去银行，或者在手机银行里操作。”

虽说豆苞的奶奶早就到了退休的年龄，但因为工作需要，如今每星期还有两天要去医院上班。

豆苞的奶奶在给人看病时非常有耐心，但是在家里一遇到有关钱的事，用她自己的话来说，“头就发涨”。现在听老伴说

"得每个月去银行",她心里立马就感到烦,"那你有什么好的办法?"

"有呀,现在有一种投资方式特别适合像你这样的'懒人'。"豆苞的爷爷风趣地回答道。

"别绕圈子,快说说,是什么好的投资方式呀?"

"基金定投。"豆苞的爷爷知道老伴的性子急,赶紧解释,"'基金定投'实际上是定期定额投资基金的简称。"

豆苞的爷爷进一步解释道:"基金定投就是在一个固定的时间,例如每个月的某一天,用固定金额的资金投资预先选定的某个或者某几个开放式基金。由于保险公司是按月给你发放养老金,所以这笔钱是最适合用于基金定投的。"

豆苞的爷爷想了想,又补充道:"或者我俩再听听豆苞他妈妈的意见,她在银行里工作,这方面的情况比我了解得更清楚。"

当天晚上,豆苞妈妈接到电话后马上带着豆苞来到了爷爷奶奶家里。

豆苞的妈妈听完两位老人的叙述,连声称赞爷爷的主意出得好。"至于到哪家银行去办理,请你们自己决定好了。"

老两口考虑到上了年纪,行走腿脚不方便,选择了离家最近的那家银行网点。

"叔叔、阿姨,你们好!我姓马,叫我小马就好,以后就由我来负责您俩的理财业务。”一位年轻的女员工热情地和豆苞的爷爷和奶奶打招呼,把老两口请进了理财室。

豆苞的奶奶平时最不愿意到银行来了,可老伴说,按照银行的规定,办理基金定投的开户等相关手续,必须由本人亲自办理并带上身份证和银行卡。

遇见这么一位和蔼可亲的姑娘,豆苞奶奶的情绪一下子变得好了起来。她告诉小马:“姑娘,保险公司在每个月的10号,会给我汇入1500元的养老金。这笔钱我们一般不会去动用它。所以我想把这笔钱做成基金定投。”

小马认真倾听完豆苞奶奶的诉求以后,想了想开口说道:“阿姨,像您这种情况,选择基金定投的确很合适。不过您也知道,投资基金是有风险的。为了分散风险,我建议您选择三种不同的基金做个组合。”说着,小马在电脑上来回搜索了一会儿,然后介绍道,“您瞧,这两个基金属于混合型基金,而这个基金是股票型基金。对于这三种不同的基金,可以每一种都投500元。而且,为了再进一步分散风险,我建议您安排在每个月的1日先各投200元,而等到每个月的15日再各投300元。”

豆苞的奶奶拉着老伴征求他的意见,时不时还向小马请教,问这问那,小马都耐心地一一做了回答。

终于,两位老人的脸上露出了满意的笑容。

见豆苞的奶奶已经决定了购买的意向,小马告诉豆苞的奶

奶，对于到银行网点来购买理财产品的客户，“按照监管部门的规定，为了规范销售过程，提高消费者的风险防范意识，维护消费者的合法权益，需要对于销售过程进行全程的录音录像。”

在征得豆苞的奶奶的同意后，小马在豆苞的奶奶的配合下，利索地完成了理财产品介绍及其风险提示、客户的风险评估以及理财咨询等内容的录音录像。

“如果可以，我这就带你们到我们的智能银行终端机上去下单吧。操作时如果还有什么不明白的地方，可以随时问我。”在小马的指导下，豆苞的奶奶顺利地购买了基金。

不一会儿，终端机徐徐吐出了一张打印好的纸质凭证。小马特地提醒豆苞的奶奶要把身份证、银行卡以及这张购买基金定投的凭证都保管好。

看到豆苞的奶奶和豆苞的爷爷那高兴的样子，小马的心里也乐滋滋的。“阿姨，您今天购买的这笔基金定投，我们银行每个月都会从您的账户里自动扣款，您就不必费心特地再过来了。”

小马恭恭敬敬地把豆苞的奶奶和爷爷送到了大门口，又特地关照道：“虽说基金定投是长期的事，但也不是一劳永逸的。你们还是要随时关注市场的变化。不过请你们放心，有需要的时候，我会随时和你们保持联系的。”

“你这个‘懒人’啊，还真是有‘懒福’！”回家路上，豆苞的爷爷不失幽默地对自己的老伴说道。

一、何谓基金定投

基金定投是定期定额投资基金的简称，是指在事先约定的某一个固定时间（例如每个月的6日），将固定金额的资金（例如人民币300元）用以购买事先选定的同一只开放式基金的一种投资方式。这种方式有些类似于银行存款中的零存整取。

这里的时间，可以按周，也可以按月、按双周或是按季。但大多数投资者通常会选“按月”。

二、基金定投的优点

基金定投的优点主要有以下几点：

（一）能有效地分散投资风险

基金定投能有效分散由于市场价格波动而产生的投资风险。在坚持长期投资某一只整体成长性较好的开放式基金的前提下，基金定投能使投资者获得较为理想的投资收益。

由于市场的波动，投资者往往很难把握买入基金的时机，而基金定投是按照固定的时间、固定的资金买入基金，那么当遇到基金净值较高时，买入的份额会较少，而当遇到基金净值较低时，买入的份额就较多。这样长期下来，投资者的投资成本得到了分摊，风险也得到了最大程度的降低，投资收益不会因为市场的短期波动而受到影响。

（二）进入门槛较低

基金定投的进入门槛较低，投资者在每次投入时并不一定需要拿出一大笔钱。然而，即使你每次投入的钱并不多，但是长期坚持下来，就会起到积少成多、聚沙成塔的效果，为投资者积累起一笔可观的资金。

（三）操作简单，省时省力

目前，各大银行以及证券公司大都开通了基金定投业务。投资者只要选定投资什么基金，然后通过上述基金的销售机构提交申请，并约定每期的扣款时间、扣款金额以及扣款方式，销售机构就会在投资者指定的资金账户

内，帮助你自动完成扣款和基金申购。所以也有人把基金定投称为“懒人理财”。

综上所述，基金定投的确是一种比较合适的长期投资方式。

三、基金定投的风险

尽管基金定投的风险较低，但与任何一种投资一样，基金定投也存在一定的风险，其风险主要表现在以下几个方面：

（一）基金的选择失误或是市场情况发生变化，致使投资的基金整体成长性较差，甚至出现市场上的大多数基金都在一涨再涨，而投资的基金却一跌再跌的情况。

尽管基金定投不必过分在意基金净值的短期变化，但是如果发生上述情况，还是建议及时赎回这个基金，而转投其他合适的基金。

（二）操作失误。

1.基金定投适宜于长期投资。如果在短期内频繁买进卖出变换基金，极易使投资蒙受损失。

2.基金定投要有持续性。如果投资时断时续，特别是在市场低迷时贸然停止投资，这将失去降低投资成本的大好机会，致使投资收益产生不确定性。

其实，基金定投的一个优势就在于当基金净值走低时，用同样数额的钱能买进更多的份额，从而降低了投资成本，确保投资的理想收益。

1.不知道你的父母他们有没有参加基金定投。如果答案是肯定的，那么请他们谈谈参加基金定投的体会；如果没有，请你给他们介绍一下基金定投。

2.如果你每个月也有固定的收入，你愿意按照什么比例进行基金定投？

一件让咪妮充满期待的事情

如今，咪妮与豆苞、小胖等那些大孩子一样，也有了自己的一个理财小账本。并且，她在每一年的年底，也开始学习预先制定出一份下一年度的财务预算，借助这个理财小账本，她坚持认真记账，及时进行分析和总结，养成了勤俭节约，“当家理财”的好习惯。

“叮咚、叮咚！”一天上午，正当豆苞在家里聚精会神地做着寒假作业的时候，门铃突然响了起来。

“豆苞哥哥，你好呀！你在忙什么？我有几个理财方面的问题要向你请教呢。”咪妮来了。

豆苞一边招呼咪妮坐下，一边对她说道：“你先休息一下，我手头的作业马上就要做好了。”

豆苞几天前就和咪妮约定好了。所以，当他收拾好寒假作业本后，立即利索地从桌子的抽屉里拿出了自己的理财小账本，把它递给了咪妮。“咪妮，这是我的理财小账本，你拿去看吧，有什么问题就提出来。”

咪妮接过豆苞的理财小账本，一页一页地仔细看了起来。

“豆苞哥哥，你真行！”看着看着，咪妮不由得轻声赞叹道。

原来，在豆苞的这本账本上，不论金额大小，每一笔的收入或者支出，豆苞都记录得清清楚楚。而且，在每一个月初还把上一个月在账本里记录下来的内容，认真归类后做了总结。

咪妮早就听说豆苞的账本做得特别好，所以她今天过来就是想好好地向豆苞学习。忽然，咪妮的眼光停留在账本中收入的一栏上：怎么豆苞哥哥还从保险公司拿到了钱？

在咪妮的印象中，同班好友颖颖的父母从保险公司拿到过钱，那是因为颖颖患病在医院里做了手术，而颖颖的父母已经为女儿买了保险。还有，豆苞的邻居郝大妈从保险公司拿到过钱，那是因为郝大妈的儿子发生了意外事故，而她儿子的工作单位为她儿子买过保险。另外，爸爸的朋友周叔叔也从保险公

司拿到过钱，因为周叔叔的车发生了交通事故，保险公司根据车辆保险赔付给了周叔叔一笔钱。

“但是，眼前的豆苞哥哥明明什么事情也没有。”咪妮满腹疑虑，她不由得问豆苞道：“豆苞哥哥，为什么保险公司要给你钱？”

“咪妮，不知你是否明白，这保险不是出了事，保险公司才负责赔钱给你。如今，保险在许多方面都能为我们提供保障。”豆苞耐心地向咪妮解释道，“我的这份保险呀，不仅是出了事保险公司才负责赔钱，还包含教育金呢！”豆苞告诉咪妮，他的保险是十多年前爷爷特地为他买的。

“不出事，保险公司还会给钱？”咪妮觉得这简直是不可思议，于是她追问道：“快告诉我，你的爷爷为你买的究竟是什么保险？”

豆苞对咪妮说：“你知道，我爷爷是大名鼎鼎的保险专家，爷爷当时特地为我设计了一份少儿综合保障计划。这份计划主要由两种保险组成：一种负责在患重大疾病或是进行重大手术时，由保险公司提供保险金；另一种负责疾病身故保障、意外身故或全残保障，还有就是给我提供长达10年的教育金。”

豆苞从书桌的抽屉里拿出他的那两份保险单，对照着向咪妮做起了详细的介绍。

“你看！这上面写得清清楚楚，这教育金啊，从我12岁起

就可以拿了。12岁到14岁是一个档次，15岁到17岁是一个档次，18岁到21岁又是一个档次，而且三个档次所能领取的金额一个比一个高。”豆苞指着保险单上的那一段文字，兴奋地告诉咪妮：“从前几年我满12足岁起，每年都能从保险公司拿到一笔钱，作为零用钱，这样足足可以连续拿10年，直到我大学毕业！”

“哎，既然我爸爸和你的爷爷那么熟悉，这么好的事情，你的爷爷他为什么没有介绍给我爸？”咪妮羡慕地开口问道。

“哈哈，咪妮！原来你这个小家伙在我背后讲我的坏话！”正在这时，咪妮和豆苞的耳边传来了他们熟悉的话语声。

真是“说曹操，曹操就到”，咪妮和豆苞不约而同地抬起头来，豆苞的爷爷正笑眯眯地在看着他们。

咪妮望了望豆苞的爷爷，显得有些尴尬。

“咪妮，你还记得不，你过十周岁生日时，你爸爸送给你的生日礼物？”爷爷那和蔼可亲的样子，顿时让咪妮不尴尬了。“十岁时的生日礼物？”爷爷这一提醒，咪妮回想起，爸爸当时专门为她买了一份少儿保险作为生日礼物。爸爸当时还说了，这个少儿保险啊，就等于是请了一个“保护神”，这位“保护神”会请保险公司帮助咪妮应对可能遇到的疾病、伤残、死亡等风险。“好爷爷，我想起来了！爸爸当时好像还告诉我，有了这位‘保护神’，到时候保险公司还会定期给我一笔钱，让我作为在

学校念书时用的零花钱。”

如果今天不是豆苞的爷爷提醒，咪妮早已把这事忘得一干二净了。

想到这里，咪妮心里美滋滋的，“啊！看来用不了多久，我也和豆苞一样，可以从保险公司那里拿到教育金了！”

想着、想着，咪妮的脑中忽然闪现出一个问题：“奇怪！豆苞的爷爷是怎么知道在我10岁生日时，爸爸给我买了保险？”

“其实你爸爸早就有心给你买保险了，只是他并不清楚买什么样的保险对你最合适，于是他在你生日的前几天找到了我，我就把当年为豆苞设计的方案介绍给了他。”豆苞的爷爷原原本本地道出了其中的“秘密”。

“爷爷，真不好意思！我不该错怪您！”咪妮诚恳地道歉。

豆苞的爷爷微微一笑，对咪妮鼓励道：“能做到知错就改，就是个好孩子！”

豆苞的爷爷告诉咪妮，“你的父母，不仅为你们买了保险，根据我的建议，他们也为自己买了保险。如今，他俩在制订每年的财务规划时，都包括了购买保险这一块。”说着，爷爷又不无幽默地补充了一句，“如果不相信，你可以回家去问问他们。”

豆苞心里明白，经过爷爷多年的热心宣传，不仅仅是咪妮的父母和自己的父母，如今社区里的许多居民都非常重视购买保险，他们在制订年度财务规划时，还纷纷找上门来向爷爷请

教，而爷爷呢，也总是不厌其烦地耐心回答大家的提问。

“爷爷，您真好！真了不起！”咪妮在一旁拍着两只小手，欢快地叫了起来。

“小家伙，我有什么了不起？我只不过干保险的时间长了点，在这方面比起一般人要知道得多一点而已。现在大家都这么重视保险，为大家出点主意，这完全是我应该做的嘛！”豆苞的爷爷谦虚地回答道。

咪妮回到家里，把刚才在豆苞家里发生的事情，告诉了自己的爸爸和妈妈。

“是呀，如今我们在每年进行家庭资产配置时，遇到买保险这一块，总会遇到一些问题，总免不了要去向豆苞的爷爷请教，而他每一次都会给我们一个满意的答复。”说起豆苞的爷爷，咪妮的父母内心充满了感激之情。

至于我们的小咪妮呢，她觉得，今天的收获特别大！咪妮暗自打算，今后一定要跟着爸爸妈妈向豆苞的爷爷好好学习，用好保险这个生活中的好帮手！而且，从保险公司那里得到教育金，就可以多多少少替父母节省一些开支了，这真是太好了！

人们一旦遭遇各种意外或罹患疾病时，保险会“雪中送炭”，及时提供急需的经济补偿；保险可以给人们提供子女教育金、养老金等，使生活得到更加充分的保障；保险还能帮助人们实现资产保值、增值的目的。

从理财的角度，可以把和我们老百姓关系比较密切的保险产品分为如下三类：保障型保险产品、储蓄型保险产品以及投资型保险产品。

一、保障型保险

保障型保险产品是我们在制定资产配置、规划财务预算时的首选。

人生可能遇到的风险通常涉及生、老、病、死、残以及财产损失等方面。定期寿险、人身意外伤害保险和健康保险，财产保险中的机动车辆保险、家庭财产保险，房屋贷款保险等产品就是专门为抵御这些风险提供保障的保障型保险。此外，如果经营一家饭店、商店或是公司，还会涉及责任保险的有关产品。

定期寿险是专门用来抵御死亡或者全残风险的一种人寿保险。当被保险人在保险合同约定的期限内死亡或者全残，由保险公司按照合同约定，向受益人给付保险金。定期寿险具有低保费、高保障等特点，特别适合参加工作不久的年轻人或者低收入人群。

人身意外伤害保险简称为意外伤害保险。人们熟知的航空意外伤害保险、旅行意外伤害保险等都属于这一类。

健康保险也称为医疗保险。重大疾病保险、住院医疗保险等都属于这一类。

人们熟知的“中小学生平安保险”(简称“学平险”)属于人身意外伤害保险的一种。“学平险”为广大中小学生提供人身意外伤害、意外医疗以及住院医疗补贴的保障,具有保费便宜、保障范围广的特点。

二、储蓄型保险

储蓄型保险是指带有储蓄性质的人寿保险。除了基本的保障功能,储蓄型保险还具有储蓄功能。

目前常见的储蓄型保险包括养老年金保险、教育金保险、终身重疾险、终身寿险以及生存保险、生死两全保险等。

购买储蓄型保险就是在约定期间,逐年向保险公司支付一笔保险费,由保险公司提供相应的保险保障,其间如果不出保险事故,最后保险公司会支付一笔钱给保险受益人。储蓄型保险所具有的这种储蓄功能,有些与银行定期储蓄中的零存整取相似。

所以,购买储蓄型保险产品也是资产配置的一种方式。通过购买储蓄型保险产品,可以为本人和家人的未来提前准备好一笔资金。

少儿保险是一类专门为少年儿童设计的保险产品。它用于解决少年儿童在成长过程中所需要的教育、创业、婚嫁等费用,以及应付他们可能面临的疾病、伤残、死亡等风险。主要有少儿意外伤害保险、少儿健康医疗保险以及少儿教育金保险等三种。

万一少年儿童患病或发生意外,借助于少儿意外伤害保险和少儿健康医疗保险,就可以有效地缓解家庭的经济压力。少儿教育金保险则可以使少年儿童未来在受教育和创业时得到一定的费用上的支持。

为了预防在规定的保险费缴纳期间，因为某些突发情况而无力继续缴纳保险费的情况，可以在购买少儿保险时，购买豁免保费附加险。这样，一旦因为种种原因而无力继续缴纳保险费时，保险公司会负责缴纳后续的保险费，合同上规定的保险保障仍然有效。

三、投资型保险

投资型保险属于人寿保险的范畴，主要包括万能寿险、分红保险和投资连结保险等。

投资型保险具有保障和投资理财两种功能，但侧重于投资理财。投资型保险产品并不承诺给予多少投资收益。购买这类产品时必须事先了解清楚产品的性能以及可能存在的投资风险。

对于不同的人或者家庭，在不同的阶段，他们需购买的保险产品各不相同。相应地，购买保险所支出的费用预算也随之会有差异。

个人或者家庭应该根据自身的实际需要、财力以及风险承受能力制订购买保险的计划。在通常情况下，应该优先选择保障型的保险产品。

1. 尝试对保障型保险产品、储蓄型保险产品以及投资型保险产品的功能和特点做一个初步的了解。

2. 建议你和父母选择几家有代表性的保险公司，分析比较一下他们的少儿保险产品。

爷爷珍藏的“国家名片”

一天晚饭后，豆苞的爷爷正在书房里专心致志地为一家企业草拟一份保险方案。忽然从家门口传来了阵阵熟悉的欢笑声。他赶忙走出书房，原来是儿子一家三口来了！

在这次学期结束的期末考试中，豆苞的各门功课都取得了好成绩。而且班主任张老师在家长会上还表扬了豆苞，说他是个热心助人、品学兼优的好学生。因此，豆苞的爸爸和妈妈，特地带着儿子兴冲冲地赶到豆苞的爷爷奶奶家来报告这个好

消息。

“嗨，你这小子可还真有两下子！”豆苞的爷爷听完孙子的汇报，高兴地夸奖道，“来，咱们上我的书房去。”说完，拉着孙子的手就往书房走去。

豆苞平时最爱到爷爷的书房里去了。爷爷的书房里有好多好多大书柜。其中有一个书柜，满满当当地专门摆放着豆苞爱看的各种各样的好书。还有一个一直锁着的书柜，豆苞很好奇里面有什么宝贝。

爷爷带着豆苞刚进入书房，立即轻轻地掩上了房门。“快过来，孩子！我给你见识一下我多年来收藏的咱们国家的‘名片’！”豆苞爷爷边说边领着孙子来到了那个带有神秘色彩的书柜面前。

咱们国家的“名片”？豆苞知道“名片”是什么，但“国家名片”，豆苞还是第一次听说。正当豆苞疑惑的时候，爷爷已小心翼翼地从书柜里拿出了一大摞书册放在书桌上。“豆苞，你快过来看！”豆苞的爷爷边说边打开其中的一本。

豆苞赶紧凑上前去，仔细一瞧，原来是一本集邮册！爷爷翻开集邮册，指着6张邮票问豆苞道：“这些邮票上的人物你认识吗？”豆苞摇了摇头。见此情景，爷爷提醒道：“那你再仔细瞧瞧，在每一张邮票的最下面，都有一行小字，上面清清楚楚地写着这些人物的姓名呢！”

豆苞凑近集邮册，边看边指着里面的一张张邮票轻声念了起来："孔子、孟子、老子、庄子、墨子，还有荀子！"豆苞抬起头来，兴奋地说道："我只知道他们都是我国古代了不起的大思想家！但是，具体的我说不上来。"

"好！那爷爷我就来说给你听：孔子是春秋末期的思想家、教育家和儒家学派的创始人。而孟子继承并发展了孔子的学说，是战国时期儒家学派的重要代表。老子是春秋末期的思想家，是道家学派的创始人，他就是咱们民间老百姓说的'太上老君'，曾被列为世界文化名人。而庄子是战国时期继老子以后道家学派的代表人物，墨子是墨家学派的创始人，荀子则是我国古代著名的唯物主义思想家。"豆苞的爷爷指着邮票上的人物，向豆苞娓娓道来。

见孙子听得津津有味，豆苞的爷爷更来劲了！他把本子翻到了另一页。这时，爷爷看见豆苞顿时流露出异常兴奋的表情，目光紧盯着这一页上两张光彩夺目而尺寸特大的邮票不放。原来，在这两张邮票上印有我国改革开放总设计师——邓小平那和蔼可亲的光辉形象！

豆苞发现，在伟人肖像左边还印有三行文字："香港回归祖国""1997""港澳回归，世纪盛事"。

豆苞又发现另外一张上面那金光闪闪的三行文字："澳门回归祖国""1999""港澳回归，世纪盛事"。

看着豆苞那欣喜的样子，爷爷把集邮册又翻到另一页，说道："这是反映深圳特区在改革开放以后所取得的伟大成就的纪念邮票，一共有5张。"爷爷告诉孙子，"深圳原先只是个小渔村，但1980年被国家批准成为我国首批经济特区后，就迅速发展成为一个现代化、国际化创新型城市。目前，深圳的综合经济实力，已位居全国大中城市的前列。"

一页接着一页，爷爷兴致勃勃地讲述了许多邮票背后的故事。豆苞呢，则听得如痴如醉，津津有味！

"孩子你看，这6枚邮票集中反映了我国航天事业的辉煌发展历程。"豆苞的爷爷指着其中的一张自豪地说道，"这张邮票上的卫星，就是1970年4月24日那天，我国成功发射的第一颗人造卫星'东方红一号'。"接着，爷爷又指着另一张邮票说道："这位叔叔想必你一定知道了！他就是在2003年10月15日乘坐'神舟五号'飞船进入太空，实现中华民族千年飞天梦的杨利伟！"

爷爷看到豆苞爱不释手，又打开一本集邮册，笑道："你再看看这几张！"

豆苞一看，欢快地叫了起来："好可爱啊！"原来在这一页上的邮票，有威武雄壮的老虎、憨态可掬的熊猫和顽皮可爱的金丝猴——10枚邮票10种不同的动物。豆苞左看右看，目不转睛！爷爷告诉豆苞，我国是世界上拥有野生动物种类最多的

国家之一，这些邮票上就是国家重点保护的10种野生动物。

豆苞从爷爷的手中接过集邮册一页一页地继续仔细观看。他惊喜地对爷爷说："好棒呀，爷爷！这套珍贵的邮票，您是怎么得到的？"

爷爷兴奋地告诉豆苞："这套邮票是在建党100周年那天发售的，一大清早才七点半，邮政大楼里早已排起了长队，很多人都来购买这套邮票。"爷爷喝了口茶，继续说道，"小子你说得对，这的确是最珍贵的'国家名片'，咱们得好好保存！"爷爷的喜悦之情溢于言表。

原来，爷孙俩在热烈议论着的是《中国共产党成立100周年》纪念邮票。这套邮票一共有20枚。

这套于2021年7月1日发行的《中国共产党成立100周年》纪念邮票，充分展现了中国共产党百年奋斗的光辉历程和辉煌成就，是建党周年系列邮票中发行枚数最多、表现内容最广、发行规格最高的一套。

透过邮票这方寸之间绚丽多彩的画面，竟然能在世人面前展示出源远流长的中华文明；展示出祖国的地大物博；展示出我们国家在中国共产党领导下所取得的伟大成就！

豆苞终于明白，爷爷称为"国家名片"的，就是眼前他多年精心收藏的这些宝贝了！他对爷爷说："爷爷，我以后一定跟您好好学习集邮！"

集邮具有丰富的文化内涵以及高度知识性，是一项有益的社会文化活动。

集邮的好处有许多，主要可以概括为以下几个方面：

1. 有益于培养爱国主义思想。参加集邮活动，可以进一步了解到祖国悠久的历史、灿烂的文化、锦绣的河山、丰富的物产以及我国在社会主义革命和社会主义建设方面所取得的伟大成就。

2. 丰富科学文化知识。各种邮票的题材广泛。通过集邮可以从中获取有关政治、经济、科学、文化、历史、地理、体育以及卫生等多个方面的知识。

3. 陶冶高尚的情操。

4. 提高艺术鉴赏能力，获得关于美的享受。

5. 集邮不但具有收藏价值，还具有一定的投资价值。邮票的投资价值体现在它的保值、增值功能。有相当一些邮票，经过岁月的沉淀会产生巨大的升值空间。以1980年发行的第一张生肖邮票——猴票为例，它当时的发行价，每张仅为人民币8分，而现在这样一枚保存完好的邮票，价值高达人民币几千元，甚至上万元。

集邮所收集的对象不仅仅是邮票，还包括邮政机构发行和使用的信封、明信片以及邮戳等邮政用品。

如果你学有余力而又具备一定的收藏条件，参加集邮活动是一项不错的选择。

当然，对于初涉者来说，首先应该确定适合自己的收集途径和方式，量力而行。

1. 如果有机会，可以到位于北京的中国邮政邮票博物馆去查找“国家名片”，特别是那些具有重大历史意义或你喜欢的各种主题邮票。

2. 如果你的父母、亲朋好友中有爱好收藏邮票的人，争取观赏一下他们的藏品，并了解一下他们最喜欢的邮票。

公交车上的一次巧遇

咪妮奶奶几十年的老同事欧阳教授生病住院了。她们俩一起工作了几十年，配合默契，情同姐妹。所以咪妮奶奶一听到消息马上拉着咪妮爷爷打车赶到医院，看见欧阳教授情况好转后，才放心地坐公交车回家了。由于临近中午，公交车上的乘客并不多，车厢里十分安静。咪妮的奶奶听见后排座位上的两人压低声音的讲话，她从他俩断断续续的交谈中，判断出这是两位钱币收藏爱好者。他们刚才结伴去了本市著名的一家

钱币交易市场，如今正在兴奋地谈论着他们多年来收藏钱币的收获。

“哟，是老张啊！”咪妮的爷爷转过身去，发现坐在后面的竟然是当年的同事老张。多年不见了，老张欣喜地和咪妮的爷爷打过招呼，然后介绍起同座的伙伴：“这是和我住在同一社区的老李，因为退休后都喜欢收藏钱币，如今就成了好朋友。”

太巧了！咪妮的奶奶从年轻时起，也有意无意地收藏了一些各种各样的钱币。但她压根儿没有想到过，钱币收藏还是一种投资手段。

以往，每当拿到一张崭新的纸币时，咪妮的奶奶由于喜欢纸币上精美的图案，所以舍不得用，无意中就把它们留存了下来。还有一些纪念硬币，有些是家人朋友送的，有些则是出国时留下来的。久而久之，倒也收集了一些。

“老伴，咱们不是一直想弄清楚我们收藏的这些钱币到底值不值钱吗？想不到遇到了内行的人！怎么样？我们何不趁现在车上人少，向两位内行讨教？”咪妮的奶奶凑在老伴的耳边轻声商量道。

见咪妮的爷爷点了点头表示赞同，咪妮的奶奶随即转过身去向老张和老李请教道：“听你们两位刚才在讲，收藏钱币不仅很有意义，而且还可以把它看成是一种投资的手段，收藏的钱币还会升值。我想向你们请教一下，真的是这样吗？”

“那您也收藏钱币？”老张关心地问道。

咪妮的奶奶回答道：“没有，我并没有刻意去收藏那些东西，只是不知不觉中积累起了一些国内外各种各样的纸币和硬币。有人说，这些钱币现在比面额更值钱了，是真的吗？记得那时我还年轻，一次偶然的机会，我拿到一张崭新的面值贰角的钞票，它的正面图案是雄伟壮观的武汉长江大桥，我越看越喜欢，越觉得我们伟大的祖国真了不起！于是，我就把它珍藏了起来。”

“我们收藏钱币的过程和您也差不多，开始时也只是出于喜爱。”老李接过咪妮的奶奶的话题说道，“只是后来我和老张参加了社区组织的一个‘钱币爱好者小组’，这才了解到收藏钱币不但能陶冶情操、增长知识，还有保值、增值的投资价值呢。”

听说收藏钱币的确具有投资价值，咪妮的奶奶立即抓住机会问道：“尽管我们并不想靠这些钱币来赚钱，但我还是很想知道它们如今的价值，不知你们能告诉我们吗？”

接着，咪妮的奶奶把自己收藏的钱币，挑选出其中有代表性的，如数家珍似的告诉了老张和老李：“1999年是新中国成立50周年大庆，中国人民银行特地发行了庆祝中华人民共和国成立50周年的纪念钞，这张钞票正面的图案是1949年10月1日毛主席在天安门城楼上向全世界庄严宣告：‘中华人民共和国成立了！’这个令人欢欣鼓舞的日子实在是太重要、太有纪念

意义了！”

咪妮的奶奶还告诉他俩，在她收集到的众多钱币中，还有两张纪念钞也是她特别钟爱的。其中一张是为了迎接新世纪，于2000年发行的面额100元的千禧龙纪念钞。“钞票正面那条象征中华民族腾飞的巨龙，看了真让人精神为之一振！”咪妮的奶奶感叹道。至于另一张，是2008年发行的面额为10元的第29届奥运会纪念钞。

当老张和老李耐心地听完咪妮奶奶的叙述之后，两人又低声交谈了一下，然后告诉咪妮奶奶，她收集的那些钱币，其中一部分已经有了不小的升值空间，有的是原来面额的几倍，有的可能有十倍、几十倍，甚至成百上千倍。至于具体到底值多少钱，因为还涉及一些细节上的问题，现在不好说。

“真是很抱歉，我们这就要准备下车了。如果要想进一步了解这方面的情况，你们可以自己上网查。如果你们有兴趣的话，我们邀请你们下次一起去邮币市场边走边聊，你们看好吗？”公交车缓缓驶向站台，老张和老李礼貌地向咪妮的爷爷夫妇俩打了招呼后，赶忙一起下了车。

“真幸运，我们最近老是遇到热心的好人！”咪妮的奶奶望着老张和老李的背影感叹道。说完，他又转身看了看坐在一旁的老伴。只见老伴也正隔着车窗，微笑地注视着渐渐远去的老张和老李。

货币是人们在商品交易中用来充当一般等价物的一种特殊商品。货币作为商品价值的代表，直接体现社会劳动，可以表现其他一切商品的价值和购买其他一切商品。

我国是一个具有悠久文明的国家。在原始社会的后期至夏、商、周时代，当时主要的货币形态是实物货币，流通使用较为广泛的是天然贝。中国古代钱币萌芽于夏代，统一于秦朝。从商代的铜贝算起，三千年来，我国的钱币至少有七万多种。历朝历代所发行的钱币，数量之多，品种之丰富，是世界上其他任何一个国家都无法相比的。

新中国成立至今，我国至今已先后发行了五套人民币。第一套人民币于1948年12月1日，中国人民银行正式成立时开始发行。为了更好适应社会经济发展、完善我国的货币制度，提高人民币的防伪性能，自1999年10月1日起，中国人民银行陆续发行五套人民币。人民币的发行、流通使用，对于促进我国社会经济的发展以及便利人民群众的生活，发挥了极其重要的作用。

人民币是指中国人民银行依法发行的货币，包括纸钞、塑料钞和用贵金属或普通金属铸造的硬币。由金、银等贵金属铸造的金币或银币，尽管它们也是国家法定货币，但是它们的面值只是其法定货币资格的体现，并不具有按照面值流通的功能。而且它们的面值一般都比自身的金银价值低得多。用贵金属铸造的纪念币与普通金属纪念币同样具有纪念和收藏价值。近年来，我国又推出了数字人民币。这种由中国人民银行发行的数字人民币。数字人民币拓展了货币的功能，使得金融体系的流通更为便利，也更有利于我国与世界各国的交往。

从中国古代的钱币到如今新中国的人民币，体现了一个时代的社会形态特征，综合了该时代的政治、历史、军事、经济、金融和文化艺术等方面的重要信息。因此，收藏我国的钱币就是一个学习、研究的过程，它有助于人

们加深对具有悠久历史的中华优秀传统文化的了解，进一步激发人们对于伟大祖国的热爱。

从投资理财的角度，收藏钱币是一种不错的选择。俗话说，物以稀为贵。我国的古钱币中有一部分，因为历史久远等各种原因，如今的存世量非常稀少，随着时间的推移，显得越来越珍贵。而像唐朝的铜质“开元通宝”，由于发行量大、流通时间较长，尽管如今的价格并不昂贵，但其中有些铸造年代久远且做工精美的，仍具有一定的欣赏和收藏价值。新中国成立以后发行的人民币，从早已停止流通的第一套人民币到2019年4月30日退出流通领域的第四套人民币，也具有充足的收藏和投资价值。

国家明文规定，纪念币、退出流通即停止使用的人民币以及经中国人民银行批准的装帧币（即经过包装或其他方式装饰过的流通人民币）可以在市场上合法交易，而其余人民币均禁止销售。如今一套完好无缺的第一套人民币，其拍卖成交价已高达人民币几百万元。我国多年来发行了一系列普通纪念币，经过时间的积累，目前它们的价格各不相同，但都远高于原来的面值，有的甚至是原来的成百上千倍。

由此可见，收藏钱币的确可以作为投资理财的一种手段，一条实现资产保值、增值的有效途径。

1. 去问问你的父母或者爷爷奶奶、外公外婆，他们有没有在不经意中留存有新中国成立以后发行的第一套至第四套这些已经停止流通的人民币以及纪念钞、纪念币。或许，他们会给你带来一个大大的惊喜！

2. 有机会到当地的邮币市场逛逛，了解一下什么样的钱币才有收藏价值和增值潜力。

历史在这里沉淀

“咦，这不是欧阳吗？”咪妮的奶奶刚刚跨进医院的大门，就发现前面不远处有一个熟悉的身影。再一看，那人竟然是她的老同事欧阳教授。

见到多日不见的老朋友，咪妮的奶奶亲热地和欧阳教授打起了招呼：“欧阳，你早呀！我正准备上你家去看看你。你怎么这么快就来上班了呢？身体怎么样啊？好透了吗？”

欧阳教授也显得特别高兴：“谢谢关心啊，我的身体已恢复

得差不多了。”欧阳教授又紧接着说了下去，“听说近来气候异常，来医院就诊的病人特别多，所以我这就赶紧过来了。”

中午休息的时候，一吃好午饭，两个老朋友就坐在一起聊起了家常。说着说着，咪妮的奶奶说起上次探望欧阳教授后，回家在公交车上的巧遇。

咪妮的奶奶兴奋地告诉欧阳教授：“我听说我收藏的钱币其中有一些已经退出了流通领域，在市面上不能使用了，我正在着急，想不到却在公交车上遇到了两个收藏钱币的内行，其中一位还是咪妮他爷爷当年的老同事。他们叫我不要着急，说这些钞票虽然在市面上不能使用了，但是它们还是有价值的，而且说不定它们的价值还有可能超过钞票本身的面额，你说巧不巧？”

“你快说说，咪妮他爷爷的那位老同事是不是姓张？这两个人长得什么模样？”欧阳教授似乎想起了什么，连声问道。

听完老姐妹的叙述，欧阳教授轻轻地拍了拍双手，惊呼道：“真是巧极了！他们俩很有可能就是和我住在同一个社区的邻居老张和老李。”欧阳教授还回忆道，“你来医院看我的那天，他们也到医院来探望过我。”

当欧阳教授得知咪妮的奶奶当时还没来得及向他们详细讨教时，她说道：“我们社区的居委会为了丰富居民们的业余文化生活，成立了好些组织，其中就有‘钱币爱好者小组’。老张

和老李是里面的高手。找时间我介绍你们多聊聊。”

一个星期天的上午，咪妮的奶奶带着豆苞和咪妮，还有小胖、玲玲、爱丽丝、安娜和英英等几个好伙伴，一起由欧阳教授陪着，来到了海虹社区的老年活动室。

孩子们的到来，顿时使活动室变得热闹起来。

“哈，果然是你们两位！”咪妮的奶奶高兴地与老张和老李相互握手问好。

“欢迎咪妮的奶奶，欢迎同学们！”说着，老张和老李就把大伙领到了活动室里的陈列橱窗面前。

“俗话说，盛世收藏。时下国泰民安，老百姓的日子过得越来越红火，我们这个‘钱币爱好者小组’的队伍也一天比一天壮大。”张大爷指着橱窗里的图片向大家娓娓道来，“收藏钱币可以增长知识、陶冶情操，是一种高雅的文化活动，同时它又可以作为一种理财的手段，帮助我们实现资产的保值、增值。”

豆苞、咪妮、小胖等小朋友们一个个都目不转睛地盯着橱窗里这些印制精美的图片。

“咦，你们看，这里面好多图片上的钞票，我怎么没有见到过呀？”小胖大声问道。

听到发问，咪妮的奶奶戴起了老花眼镜，也凑近橱窗仔细观看起来。原来橱窗里陈列的是关于我国先后发行的五套人民币的介绍图片。

“同学们，我来向你们介绍吧！咱们国家先后发行了五套人民币。其中有三套早已停止了使用。因此，我估计你们小朋友中没几个人看到过。”李老伯热情地介绍道。

李老伯略微停顿了一下，看到大家都在认真地听着，又继续说了下去：“自2018年4月1日起，中国人民银行宣布停止第四套人民币中的100元、50元、10元、5元、2元、1元、2角纸币和1角硬币在市场上的流通。但是，1元硬币、5角纸币和硬币、1角纸币仍可继续使用。这第四套人民币，我估计同学们可能还有些印象，但是如今你们了解的，绝大多数应该是自1999年10月1日起陆续发行的第五套人民币。”

“哎哟，原来是这样！”小胖听李老伯说到这里，情不自禁地大声嚷了起来。

“嘘，小声一点好不好？”豆苞赶忙提醒自己的好朋友。小胖不好意思地看了看大家，伸出舌头调皮地做了个“鬼脸”。

咪妮的奶奶和豆苞他们根据李老伯的介绍，继续兴趣盎然地观看着橱窗里陈列着的一张张图片。张大爷则乐呵呵地在一旁配合李大伯做些补充说明，或是回答孩子们提出的一些问题。

在接下来的座谈会上，大家又争先恐后地向张大爷和李老伯请教了许多关于钱币收藏的问题。诸如怎样开始收藏钱币，收藏哪些钱币比较合适，以及收藏钱币要注意些什么问题等。

对于这些问题，张大爷和李老伯都一一耐心做了回答。

座谈会即将结束了，咪妮的奶奶带领着孩子们对张大爷和李老伯再三表示感谢。

张大爷笑着对欧阳教授和咪妮的奶奶说："今后如果在钱币收藏方面还有什么问题，随时和我俩联系，也欢迎有空的时候到我们'钱币爱好者小组'来走动走动。"最后，张大爷亲切地对同学们说道："欢迎你们参加到钱币收藏的队伍中来！收藏钱币很有意义，而且还具有投资价值。但是你们毕竟年纪还小，兜里的钱也不多，所以一定要从实际出发，例如长辈给你们的零花钱或是压岁钱时，可以从中挑选出一些新钞票，把它们收集起来。还有，如果有条件的话，也可以留心搜集一些花钱不多、新发行的纪念钞和纪念币。"

张大爷也恳切地补充说道："请同学们记住，收藏钱币的确是件很有趣的活动，但是千万不要因为参加收藏钱币而影响自己的学业！"

听了张大爷和李老伯语重心长地嘱咐，同学们都连连点头，大声回答说："记住了！"

对于一个试图涉足钱币收藏的爱好者来说，收藏钱币首先应该是出于爱好，其次才考虑投资收益。对于广大少年儿童来说更应该如此。少年儿童参加钱币收藏活动应该侧重在于培养兴趣爱好，开阔视野，增长知识，积累经验。同时，还要防止因痴迷收藏而影响学业。这一点，对于参加其他收藏活动也同样重要！

收藏要从自己的实际出发。例如，如果你生活在文化历史比较悠久的地方，又具备人文、经济等方面的条件，还积累了一定的收藏钱币的经验，那么你可以尝试收藏古钱币或者革命根据地的钱币。而对于一般的收藏者来说，建议从收藏新中国成立以后发行的人民币着手。

对于少年儿童来说，收藏应该做到少花钱甚至不花钱。可以从搜集、收藏新发行的纪念钞（纸币）和普通金属纪念硬币入手。从长远看，不妨再留意收藏一些崭新的、目前还在流通使用的人民币。如果能从家长及亲友那里得到一些他们以前收藏的钱币作为补充，那当然最好啦。

所有纪念钞和普通金属纪念硬币都是为了纪念历史重大节日、重大事件以及杰出人物而发行的，因而具有重大的历史价值。而且这些纪念钞和纪念币的设计新颖、图案精美、制作精湛，还具有很高的艺术价值。例如，2021年6月21日发行的、面额10元的《庆祝中国共产党成立100周年》双色铜合金纪念币，1993年12月26日发行的、面额1元的《毛泽东诞辰100周年》纪念币，1988年12月1日发行的、面额1元的《中国人民银行成立四十周年》纪念币，以及1999年7月20日发行的、面额50元的《庆祝中华人民共和国成立五十周年》纪念钞（纸币）和2000年11月28日发行的、面额100元的《迎接新世纪纪念钞》（塑料钞）等。

此外，所有的纪念钞和纪念币都是限量发行、一次性制作而成的。不少纪念钞和纪念币发行至今已过多年，它们的价值已经高于它们原先的面额。

与任何其他投资一样，收藏钱币也会有风险。这些风险首先来自不法分子为了获取暴利而制作的假币。而这些假币大多集中在高端的古钱币之中。其次，与股票市场类似，钱币市场时不时也会发生波动。价格的波动肯定会对收益产生影响。

当然，收藏钱币还有一个如何妥善保管好钱币的问题。特别是银币和铜币，这种材质的钱币在空气中很容易氧化，而纸币则容易发暗、变色或者受到污损。

对于一个试图涉足钱币收藏的人来说，以下几点可供你作为参考：

一、学习并了解钱币以及钱币收藏的相关基础知识，其中包括如何规避收藏钱币时可能遇到的风险。

二、根据自己的爱好和财力，制订一个切实可行的收藏计划。

三、不急功近利，不盲目跟风，不刻意追求短期的投资回报，立足长远、持之以恒。

1. 去网上找一些书画、古董藏品拍卖会的资料看看，拍卖竞价的过程是不是很紧张？

2. 在学校老师或者居住小区的居委会/村民委员会的支持下，选定一个主题，与同学们一起策划并举办一次模拟的“拍卖会”。

贝壳和黄金的故事

“看你们俩神秘兮兮的！在干吗呀？”中午休息的时候，咪妮在校园里遇到了豆苞和小胖。她见他俩一边散步一边好像在商量着什么事情，于是禁不住好奇地问道。

“呦，是小咪妮！”豆苞见是咪妮，连忙解释道，“是这样的，我妈工作的那个银行，准备为我们社区里10到15岁的小朋友举办一系列普及金融知识的讲座。妈妈要我和小胖商量一下，如何发动大家来听这个讲座。”

“豆苞妈妈他们还给讲座起了一个很好的名字,叫作‘做个小小理财家’!”小胖急忙补充道。

“这真是太好了！机会难得呀,社区里肯定会有许多小朋友乐于参加的!”听豆苞这么一说,咪妮高兴地嚷道,“不过,这事最好还是听听你们张老师的意见,看看她怎么说。”

张老师当然是非常支持的啰！不过,她要豆苞发动一些同学,先去了解一下社区里的小朋友想听些什么,然后把收集到的意见告诉妈妈,这样银行的叔叔阿姨们可以有针对地做好准备。“豆苞,请转告你的妈妈,到时候我会和同学们一起去参加的。”张老师对豆苞说。

在社区居委会的支持下,经过一番准备,“做个小小理财家”系列讲座终于如期开展了!

这是一个星期天的上午。讲座还没有开始,偌大的活动室已坐得满满当当。

讲座由刘主任主持。在钱行长做了简短的致辞后,讲座正式开讲。

“小朋友们,欢迎你们的到来！今天,钱行长要我来负责‘做个小小理财家’系列讲座的第一讲。这一讲的题目是‘贝壳和黄金的故事’。”

“这不是你妈妈的徒弟吗?”咪妮指了指站在讲台上的那位年轻人,和豆苞耳语道。

豆苞早就听妈妈说起过，这位小徐叔叔才从财经大学毕业不久，是位聪明好学的年轻人。她要豆苞好好向小徐叔叔学习呢。

“在我正式讲课之前，我想先问在座的小朋友一个问题：平时，你们的爸爸妈妈是不是称呼你们为‘我的小宝贝’？那么，谁能告诉我，他们为什么会这样称呼你？”小徐老师先问了一个问题。

“哎，真是的！他们为什么称呼我们为‘小宝贝’？”咪妮环顾四周，见同学们都在交头接耳地窃窃私语。

正在这时，咪妮看到小胖高举着双手。

见小徐叔叔点了点头，小胖忽地站起来大声说道：“徐老师，我知道！”见大家都用期待的眼光在注视着他，小胖颇为得意地继续说了下去，“我爸和我妈因为疼爱我，所以自我小时候起，就称呼我为‘小宝贝’。有时候还称我为‘心肝宝贝’呢！”说到这里，小胖略微停顿了一下，似乎有些不好意思，于是马上接着说，“不过，现在我长大了，他们就不这样称呼我了。”

小胖的发言引得全场的同学一阵哄堂大笑。

“难道我说得不对吗？”见此情况，小胖挠了挠头，不解地自言自语道。

“同学们，小胖同学的话有一定的道理。”小徐叔叔见小胖站在那里一脸茫然的模样，连忙替他解围，“当然，他还没有完

全讲清楚。”说着，小徐叔叔打开了投影仪。

“哇，好漂亮的贝壳！”孩子们惊喜地看到，屏幕上展现出几只贝壳，在贝壳的背上刻有一些奇怪的符号。细心的同学还发现，在每一个贝壳的两端各打磨出了一个小小的圆孔。

小徐叔叔告诉大家：“的确，人们喜欢把贵重、珍奇和美丽的东西称为‘宝贝’。殊不知，在我国西沙群岛和南沙群岛海域的珊瑚礁中，的确蕴藏着一种珍贵的贝类，它的学名就叫作‘宝贝’。‘宝贝’是一种海洋生物，在学科上属于软体动物腹足纲宝贝科。‘宝贝’不仅在我国的南海和东南沿海有，而且还分布在全球热带、亚热带其他海域的珊瑚礁中。”

小徐叔叔清了清嗓子，指着屏幕上的照片继续说道：“‘宝贝’的贝壳呈卵圆形，壳质坚固，壳面被一层极其光滑的珐琅质覆盖，因环境及种类的不同而具有各种各样的花纹。”

咪妮一边用眼睛注视着屏幕上的贝壳图片，一边用耳朵在听着赵叔叔的介绍。她回忆起，外公以前曾讲起过，因为“宝贝”稀少，所以非常珍贵。古时候的人们曾经在很长一个时期内，把“宝贝”类的贝壳作为钱币用来买卖东西，就像现在的钞票一样。可以说，除了远古时期人们用约定的某种物品例如羊，作为进行物与物交换中的“等价物”(现在被称之为“实物货币”)，贝壳是人类社会最早使用的一种货币。

咪妮记得，外公还告诉过她，正是因为“宝贝”的贝壳曾经

在古代被当作钱币使用过，所以在汉字中，许多与钱币有关的事或物，往往都含有“贝”，例如货、财、费、贪、贿、赔、赎等。

“这样看来，不少父母把自己的儿女称作为‘小宝贝’也是和‘宝贝’这种珍贵的贝类有关的啰！”于是，咪妮把外公说过的话详细地告诉了大家。

“噢，原来是这样！”同学们这时才弄明白，大人们为什么称自己为宝贝。

“这位小朋友说得太好了！”小徐叔叔连声夸奖道。

小徐叔叔在咪妮发言的基础上，把贝壳作为人类历史上最早使用的货币，它在当时所起的作用又系统地给孩子们梳理了一遍。

“当然，随着人类社会的发展，贝壳如今早已不再具有货币的作用。如今人们利用贝壳制作成了各种各样漂亮的工艺品，深受大家的喜爱。其中一些制作精美的贝雕作品还具有很高的收藏价值呢！”随着小徐叔叔的讲解，屏幕上展现出“万里长城”“大展宏图”等一幅幅精美的贝雕挂画。

“啊，真美！”同学们不约而同地齐声赞叹道。

“徐老师，您说贝壳如今早已不再具有货币的作用，那后来大家买东西时，是不是就使用和我们现在类似的钞票呀？”性急的小胖忽然想到了这样一个有趣的问题。

小徐叔叔看看小胖，又笑眯眯地对同学们说道：“这位同学思想很活跃，敢于提问题，这很好！只是在货币的发展史上，人类在使用贝壳作为货币后，还经历了使用金、银、铜等金属货币的阶段，之后才进入到广泛使用纸质货币的阶段。"

小徐叔叔告诉同学们，在金属货币中，黄金曾经作为一种最贵重的货币，被世界各国所推崇而广泛使用。"如今，你们在日常生活中已看不到人们用它去购买东西，也就是说，黄金已退出流通领域，不再直接用它来购买或支付，但是黄金仍然具有非常重要的价值。"

小徐叔叔的话音未落，屏幕上已经切换成另外一张图片。画面呈现出一堆摆放得整整齐齐、金光灿灿的大金条。

"哇，这么多的黄金！"在场的同学们不由自主地惊呼起来。

"是呀，因为黄金是世界上最稀少、最特殊和最珍贵的金属之一，所以如今它既可以用于制作首饰，又在现代工业和科学技术领域有着广泛的应用，特别是在航天航空、电子、通信、化工和医疗等行业。"小徐叔叔指了指屏幕上的画面继续说道，"从长远来说，黄金价值具有永恒性和稳定性，作为一种实物资产，黄金可以成为货币资产的理想替代品，发挥保值的功能。"

小徐叔叔告诉大家，"也正因为如此，黄金目前仍然是一种具有货币价值尺度和贮藏功能的贵金属大宗商品。大多数国家都把它用于金融战略储备。"

“原来黄金的用途这么广泛，作用这么重要！”小胖这下子总算有些搞明白了。

“小徐老师，前几年我听朋友介绍，说是金首饰既可以平时戴着，又可以放在家里保值，一举两得！听了她的话，我去金店买了几件足金首饰。请问我这样做算是一种好的投资方法吗？”豆苞转身望去，原来提问的是玲玲的妈妈。

小徐老师回答玲玲的妈妈道：“投资黄金的方式有好几种。收藏黄金首饰应该也是其中的一种。但是，黄金首饰的价格中还包含制作首饰的工艺加工费用。因此，它的价格会远远高于黄金交易所的金价。况且，黄金首饰在日常使用中还会受到磨损。所以，单纯从投资的角度来看，购买黄金首饰并不是一种最好的选择。”

玲玲的妈妈听小徐老师这么一分析，有些着急了。她连忙问道：“那请您赶快给我们介绍一下，该怎么投资黄金才好呢？”

“投资黄金的方式有好几种。对于一般投资者来说，可以从购买投资型黄金入手。”接着，小徐叔叔给大家介绍了投资黄金的几种主要方式，还详细讲解了各种方式的特点以及操作时需要注意的事项。

“今天真是长知识了！”在回家的路上，小胖和豆苞、咪妮他们意犹未尽地议论着刚才小徐叔叔讲课的精彩内容。

黄金自古至今始终具有硬通货的职能。

在现代的国际金融市场上，所谓硬通货，就是指国际信用好、价值稳定、汇价保持坚挺状态的货币。

由于黄金的优良特性，在历史上，黄金一直充当着货币的职能，包括价值尺度、流通手段、贮藏手段、支付手段以及世界货币。

尽管20世纪70年代以来，黄金与美元脱钩后，黄金的货币职能有所减弱，但它仍保持一定的货币职能。

目前国际上许多国家的国际储备中，黄金仍占有相当重要的地位。这是因为：

一、黄金具有天然货币的属性。

二、黄金已成为人们用于衡量其他商品的经济价值的一个恒定物。

三、相对于纸币，黄金不仅不可能无限量地生产出来，而且性质稳定。

四、相对于纸币，黄金几乎可以在全世界各个国家和地区通用，特别是在民间。

五、不同于纸币，黄金在国际金融市场中被广泛认可。任何国家和地区，任何团体、企业和个人，还可以用黄金做抵押来融资。

六、世界各国官方的中央银行以及国际货币基金组织，至今仍把黄金储备作为重要的金融资产贮备之一。

基于以上的理由，购买黄金作为投资，已成为人们投资理财的一种重要

的资产配置方式。

投资黄金的方式主要有以下几种：

（一）到黄金公司所属的门店购买实物黄金。

中国黄金集团旗下的大型专业黄金销售企业，是黄金行业里唯一中央直属企业。其出售的黄金制品在行业内以及消费者中享有盛誉。

考虑到黄金饰品的价格里含有工艺制作成本等因素，所以如果纯粹作为投资，就应该购买金条而非黄金饰品。

还有，金条又分为收藏用的纪念性的特制金条以及普通投资金条。如果需要考虑投资的成本，建议购买普通投资金条。

到黄金公司所属的门店购买的金条，一旦有需要，可以直接到该店去把它赎回而变为现金。但是，必须出示当时的购物发票作为凭证。

（二）到银行购买实物黄金。

到银行网点去购买或是赎回黄金，具有方便、可靠的优点，是黄金投资的一条重要购买渠道。

作为黄金投资，在需要资金时能够方便、及时地把手头的黄金赎出变成现金，这点也很重要。目前，各大银行大都有回购实物黄金的网点。只是有些银行规定，只回购本银行出售的黄金。这一点在购买时必须了解清楚。

实物黄金比较适合准备长期持有的投资者。

（三）到银行购买纸黄金。

纸黄金也称作为“虚拟黄金”。它不同于实物黄金，在买卖之中不发生黄金实物的提取和返回，是一种个人凭证式黄金，所以被称作“纸黄金”。

买卖纸黄金需要在银行开立资金账户、交易账户和保证金账户。

如有需要，纸黄金也可以到银行网点按相关报价转换成实物黄金。但需要注意的是，如果要将纸黄金转换成实物黄金，会存在银行卖出价和买入价之间的差价，以及纸黄金与实物黄金的价格差额等风险。

纸黄金投资相对来说比较稳健，而且全天24小时随时可以进行交易，还具有交易快捷的特点。

从长期来看，投资纸黄金更能发挥黄金保值增值的功能。

（四）到其他品牌较好的金店购买投资性质的实物黄金金条。

由于商店规定，顾客在到该店赎回金条时必须出示当时的购物发票，所以在购买时务必保管好原始发票。

（五）黄金投资还包括投资黄金期货、黄金基金甚至投资黄金公司的股票。但是对于一般人来说，建议不要轻易涉足这些领域。

1. 了解一下古今中外各国的金币吧。

2. 通过上网，搜寻从2001年至2020年这二十年来，每一年的国际黄金年平均价格，并绘制出二十年来国际黄金价格的走势图，看看是上升还是下跌。

爷爷的宝贝疙瘩

星期五的傍晚，豆苞一见到刚下班回到家的妈妈，就连忙说：“妈妈，爸爸说爷爷家里马上就要重新装修了，明天我们是不是过去帮帮忙呀？”

爸爸好几次说起过，爷爷家里的自来水管道材料老化，破裂了好几次。每次一出事，家里就“水漫金山”，而且还会影响到楼下的邻居。因此，爷爷和爸爸商量后决定，干脆把地板全部拆了，家里重新好好装修一番。

豆苞听说，这重新装修可烦人了，而爷爷和奶奶又都上了年纪，他觉得应该过去为两位老人做些力所能及的事情。

俗话说，“不是一家人，不进一家门”。其实，豆苞的爸爸和妈妈早已商量好了，准备这个周末过去帮助两位老人收拾收拾家里的东西。如今听儿子这么说，豆苞的妈妈说不出的高兴。

母子俩正说着，豆苞的爸爸下班回到了家里。听了一会儿母子俩的议论，爸爸夸奖豆苞道：“你这小子还真懂事！”

星期六的一大早，豆苞跟着爸爸和妈妈一起来到了爷爷的家里。豆苞的爷爷和奶奶看见他们一家三口，老两口那高兴劲，可就甭提了！

按照老爷子的意见，豆苞的妈妈和奶奶一起整理厨房用具和衣物，然后打包装箱。豆苞的爸爸自告奋勇，拆卸窗帘、搬运重物等体力活，都由他来承担。而整理图书资料和字画，然后分门别类做好标记，把它们放入专用包装箱内的细活，则由豆苞的爷爷亲自处理。那么豆苞呢，就做爷爷的助手。

豆苞知道，爷爷和奶奶都出身书香门第，两位老人家最珍惜的就是家里的这些图书资料和字画了。

“小心，别碰坏了！”正当豆苞按照爷爷的吩咐，专心致志地整理书籍的时候，他忽然听到爷爷大声喊了起来。于是，他抬起头看了看。原来，爷爷是在向爸爸喊话呢！只见爸爸这时正站在一把椅子上，小心翼翼地把挂在墙上的一幅国画从墙上

取了下来。

豆苞听爸爸说起过，爷爷喜欢绘画。爷爷在年轻时利用业余时间师从名家学过画，他的好几幅作品还曾刊登在报纸杂志上呢！后来，因为工作忙，爷爷就没有时间动手画画了。但是这个爱好他还一直保留着。

想到这里，豆苞认真地看了看爸爸手里拿着的这幅画。原来这就是在众多收藏的书画中，爷爷最钟爱的那幅画！

爷爷曾经说起过这幅画的来历：这幅《奔马图》是美术学院董教授在豆苞的爷爷退休那年，特地创作赠送给爷爷的。画面中是一匹枣红色的骏马。骏马高昂着头，气势十分雄壮，长长的鬃毛披散着，仿佛四蹄生风似的在原野上奔驰。董教授还特地在画面的右上方题写了“老骥伏枥　志在四方”八个大字。

爷爷特别喜爱这幅画，把它端端正正地挂在书房里。好几次，豆苞看到爷爷伏案工作累了，总会停下笔来喝口茶，饶有兴趣地看看墙上悬挂着的《奔马图》，然后再精神抖擞地继续工作。

“走，咱们到客厅去把那里挂着的一幅油画也取下来吧。”收拾好书房里的字画以后，爷爷让豆苞父子一起去客厅收拾。

全家老少忙碌了整整一天，该打包的打包，该装箱的装箱，全都分门别类地处理完了。休息的时候，爷爷指了指身边码放

得整整齐齐的一大堆字画，对豆苞的爸爸吩咐道："其他的东西交给搬运公司来处理，而这些字画得劳驾你开车把它们运到你的家里，暂时替我保管好。"

豆苞的爷爷想了想，觉得还是有些不放心。于是，又叮嘱道："一定得替我保管好，特别是要防潮防蛀。千万不能把它们给弄坏了！"

"爷爷，请您老人家放心，我们肯定会保管好您的这些宝贝疙瘩！"豆苞抢在爸爸的前头回答道。说完，他还调皮地伸出舌头做了个鬼脸。

"嘿！看你这小子，还真会讲话！"说完，爷爷用手指轻轻地点了点豆苞的鼻头。

听着爷孙俩这亲切的调侃话语，所有人都"哄"地一下笑了起来。

毛爷爷的知识小宝库

中华民族有着悠久的历史和深厚的文化积淀。其中上千年流传而经久不衰的中国字画，更是向世人展示了中华优秀传统文化的博大精深和无穷魅力。

通过对于中国字画的鉴赏，人们可以从一个侧面了解我国历史发展各个不同时期的情况，增长知识、陶冶情操，增强对中华优秀传统文化的认同感和对于伟大祖国的热爱。

从投资的角度来看，中国字画以其所体现出的文化价值、艺术价值乃至科研学术价值，使其自古至今都成为艺术品投资收藏的一个热门对象。

其实，对于优秀绘画作品的追求，世界各国莫不如此。

中国字画的收藏热，源自人们对于高雅艺术的热爱，也源自收藏中国字画可以获得丰厚的投资回报。

以著名中国画家傅抱石的作品《听泉图》为例，在1980年，这幅山水画的市场价仅为人民币200元，但是仅仅经过三十多年，到了2012年，这幅画竟然卖出了人民币1600万元的高价。

再以当代著名画家李可染、李苦禅和吴作人等人的作品为例，在20世纪70年代末，他们的作品的价格大多仅人民币几十元，最多也只有上百元，然而几十年后，这几位画家的一幅作品的价格都高达人民币上百万元甚至上千万元！

随着我国社会经济的发展，人民生活水平的提高，中国近现代著名画家

的优秀代表作在一些拍卖市场中，还曾出现过不少价值过亿的拍卖品。

以近现代中国绘画大师齐白石的作品《松柏高立图》为例，在2011年4月拍出了人民币4.255亿元的高价，其涨幅令人咋舌。与此同时，一大批优秀年轻字画家的作品也受到了收藏市场的关注。从长远来看，未来他们作品的价值也会有很大的提升空间。

然而，收藏字画需要具有相当的经济实力和一定的专业鉴赏能力，投资字画应当根据自己的实际情况制定投资计划。

对于广大少年儿童，除非自己的父母、亲朋好友是从事字画艺术或者对于字画收藏已经具有经验的，一般来说，目前尚不具备字画收藏的基本条件。但是，少年儿童可以通过参加字画艺术学习活动，观摩字画优秀作品展览会等途径，增长知识、陶冶情操，提高文化艺术修养，增强对于中华优秀传统文化的认同和对伟大祖国的热爱，同时也为今后在有条件的情况下涉足字画收藏领域奠定基础。

1. 在家长或是老师带领下，经常去美术馆、博物馆等场馆参观各种书画艺术展览会。

2. 搜索一下近期的新闻，看看国内外最新的字画拍卖消息。

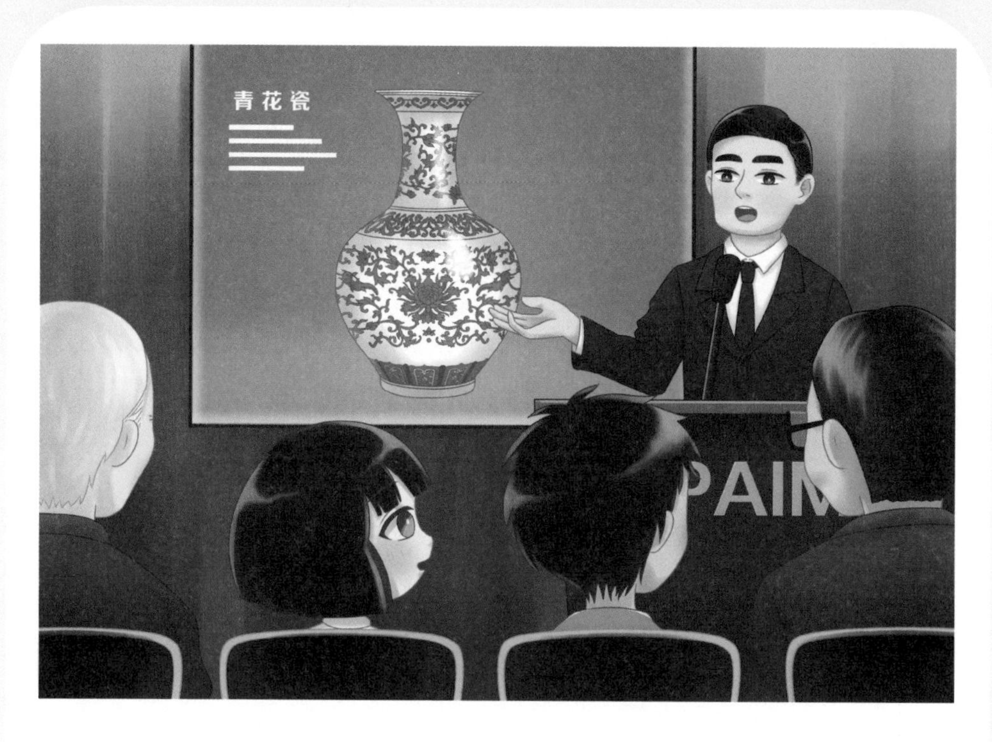

好热闹的拍卖大厅

向爷爷和奶奶告辞后，豆苞正准备回家去，不料却被爷爷叫住了："豆苞，你抽空让咪妮问问她的外公，这个星期的周末，是否有空一起去一个好地方？"

"爷爷，您准备和咪妮的外公一起去郊外钓鱼？"豆苞知道，咪妮的外公是位垂钓高手。爷爷退休以后，受咪妮的外公影响，也喜欢上这项活动了。所以，只要有时间，两位老人总会在风和日丽的清晨，相约去郊外的小河边垂钓。周末节假日时，他们还会带上豆苞和咪妮，说是钓鱼这项活动可以培养孩子们的耐心，况且郊外河边的空气特别新鲜，对孩子们的健康有益。

“不，这次我们不去钓鱼，我想邀请他一起去一个热闹又有趣的好地方。我估计咪妮的外公会有兴趣的。”爷爷想了想，又说道，“如果咪妮的外公愿意去，那么你和咪妮也跟我们一起去那里长长见识吧。”

一个热闹而有趣的好地方？豆苞感到很好奇。于是他试探地问爷爷道：“爷爷，这次您准备邀请咪妮的外公上哪儿去呀？”

想不到爷爷这时却做了个“鬼脸”，对孙子卖起了关子：“嘿！无可奉告，暂时保密！”他要给自己的孙子留下一个悬念。

原来，豆苞的爷爷退休前的那家公司的孔董事长，是一位非常杰出的企业家。爷爷早就听孔董事长说他和几位朋友合伙创办了J拍卖公司。由于经营有方，J拍卖公司如今已成为国内拍卖行业中的佼佼者。J拍卖公司最近即将举办一场瓷器的拍卖专场。孔董事长特地邀请豆苞的爷爷前去观摩。

豆苞的爷爷知道咪妮的外公对于瓷器收藏很有兴趣。但是，咪妮的外公曾经上过当。说起这件事情，那还得追溯到好几年以前。

那一次，咪妮的外公去外地出差。听说当地的古玩市场在

国内有些名气,于是抽空兴冲冲地上那儿去了。

咪妮的外公走到古玩市场附近,在一条小路上遇到一个在路边摆地摊的人,那人热情地和他打起了招呼,说是有一件祖上传下来的明清时代的瓷花瓶,因为急需用钱而准备出售。听那人这么一说,咪妮的外公不禁喜出望外,觉得今天真是交到好运了!

经过一番讨价还价,咪妮的外公最终把那只花瓶给买了回来。

咪妮的外公回到家后,经朋友介绍,兴致勃勃地拿着这只花瓶向一位博物馆的文物鉴定专家咨询。谁知那位专家告诉咪妮的外公,这只花瓶是件不值钱的假货,根本没有收藏的价值。作为初入门的爱好者,那位专家建议咪妮的外公不妨先从收藏当代瓷器入手,特别是可以收藏一些具有发展潜力的中青年陶瓷艺术家的作品。

再说,豆苞的爷爷已经从孔董事长那里了解到,咪妮的外公现有的两件藏品,与这次拍卖会上的一件拍卖品出自同一位作者。由此豆苞的爷爷估计,咪妮的外公一定会有兴趣前去观摩。

“太好了,谢谢你!有这么好的机会能和你一起去开开眼界,了解一下行情,真是太好了!”当咪妮的外公了解到拍卖会的具体内容后,在电话里对豆苞的爷爷连声道谢。

豆苞的爷爷和咪妮的外公商量好了，把两个小孩带上，让他们也开阔一下眼界。拍卖会举行的那天，场上座无虚席，许多来宾都按捺不住内心的期待与兴奋。拍卖师先做了自我介绍，核对了竞买人的身份后，接着又宣读了拍卖规则和注意事项，拍卖活动正式开始了。热闹的拍卖大厅顿时安静了下来。

“你听到了吗？这只花瓶的作者何教授，现在已经是国家级的陶瓷工艺美术大师了。”豆苞的爷爷指了指拍卖师手中正拿着的那件拍卖品，压低声音向咪妮的外公悄悄地说道。

豆苞的爷爷曾经在咪妮的外公的家里见到过这位何教授的一件作品，一只青花釉里红的瓷花瓶。和前面几件拍品一样，藏家们对这只青瓷花瓶的竞买异常激烈。竞买人频频举牌抬价，报价声此起彼落。看得出，何教授的作品现在很受藏家们的欢迎。

“啪！”随着拍卖师的拍卖槌在桌子上锤击出清脆的敲击声，这只青瓷花瓶的拍卖宣告成功。

“哇！真没想到这只花瓶的成交价竟然比起拍价要高出那么多！”咪妮的外公显得激动不已。

“什么？这只花瓶值那么多钱！”咪妮知道外公那只花瓶买来时的价格，听到刚才拍卖师报出的成交价，她简直不敢相信自己的耳朵。

“这样看来，你外公家里的那只花瓶，如今也要值不少钱

呢!”豆苞朝咪妮的外公看了看,俯身对咪妮说。

在回家的路上,豆苞的爷爷、咪妮的外公,豆苞和咪妮,两老两小四个人,依然兴致盎然地议论着拍卖会上那激烈竞争的场景。

“当年我是听了何教授的导师的推荐,觉得这位年轻人的作品,造型简约、大方,图案典雅清秀,这才收藏起了他的作品。”咪妮的外公高兴地回忆起当年的情景,喜不自禁,“想不到何教授这么有潜力!”

“老伙计,你就把何教授的这两件作品好好珍藏着吧,将来它们或许更值钱呢!”豆苞的爷爷也为自己的好朋友感到高兴。

“是呀,当初我收藏瓷器作品只是因为喜欢,压根儿也没有想到它们居然还会有投资的价值!”咪妮的外公感慨地说道,“至于何教授的那两件作品,包括那只青花釉里红的瓷花瓶嘛,我会好好收藏的。再说,把它们陈列在客厅里,还可以让家里增添不少艺术氛围呢!”

艺术品是广大艺术家通过艺术创作活动所产生的成果，体现了艺术家们对于美的追求，凝聚着艺术家们的智慧和辛勤劳动，是人类宝贵的财富。

艺术品的种类繁多，包括文物、字画、陶瓷、珠宝、摄影作品等。

收藏艺术品既可以获得美的享受，又可以作为一种投资手段，得到一定的收益。各种艺术品的价格差异极大，因而收藏艺术品所需投入的资金可大可小。在收藏艺术品时，可以根据自己的爱好以及所具备的条件，包括资金的多少，从众多种类的艺术品中选择投资的方向。

那么，究竟如何开始涉足艺术品的收藏呢？

一、确定入门阶段的收藏宗旨

初涉足者特别是广大少年儿童，收藏艺术品的目的，应该以增长知识、陶冶情操、积累经验为主。

二、确定收藏的主要方向

根据自己的爱好以及现阶段所具备的经济能力等条件，确定以何种艺术品为收藏的主要对象。

三、学习了解收藏该类艺术品所需要具备的基础知识

通过上网，参观有关的展览会，阅读有关图书资料以及请教内行的人等途径，了解收藏该类艺术品所需要具备的基础知识。

以收藏陶瓷类艺术品为例，关于“中国瓷器”的书籍有许多。初入门者不妨首先挑选其中的《瓷器的故事》《中国陶瓷史》以及《中国艺术品收藏鉴赏（瓷器）》等几本作为入门的阅读书籍。

四、量力而行，谨慎入市

任何一件高端艺术品的价格非普通人能够承受，初入门者应该根据自己的经济条件量力而行。

仍以收藏陶瓷类艺术品为例，一件古陶瓷或是现代名家的陶瓷艺术作品，其价格往往高得惊人。因此初入门时，可以从收藏一些具有市场潜力的年轻陶瓷工艺美术师的作品起步。

艺术品收藏属于中长期投资。艺术品的价值提升通常需要经历一个漫长的过程。实践充分证明，随着时间的推移，这些优秀年轻艺术家的作品，未来一定会给你带来可观的投资回报。

五、切实控制好投资艺术品的风险

任何投资都会有风险，艺术品投资也不例外。

自古以来，收藏艺术品的最大风险来自不法分子的制假、售假。为了最大限度地获取暴利，这些假货大多混迹于高端艺术品之中。

其次，面对艺术品市场可能会出现的价格波动，切忌盲目跟风，要选择恰当的入市时机。

同时，千万不要有侥幸心理，不要幻想你能以超低的价格，“捡漏”买进一件艺术珍品。

请长期持有你所收藏的艺术品，充分享受欣赏和收藏的乐趣。终有一天，你会获得满意的投资回报。

当然，对于任何一件你所收藏的艺术品，都存在一个妥善保管的问题。

还是以陶瓷艺术品为例。由于材质原因，陶瓷艺术品极易坏损。稍有不慎，哪怕是一丁点的损坏，都会造成无可挽回的损失。

对于广大少年儿童来说，由于受到专业知识、经验以及资金等多种因素的制约，在艺术品收藏方面，应该侧重于学习和了解。

在尚不具备条件收藏艺术品的情况下，不妨根据自己的条件和爱好，先从收藏昆虫标本、植物标本、建筑模型或者卡通玩偶等着手。通过这些收藏活动，增长知识、陶冶情操、积累经验。

1. 你喜欢收藏东西吗？是昆虫标本、植物标本、建筑模型还是公仔娃娃？

2. 可以了解一下，你收藏的东西有增值潜力吗？为什么有的收藏品有增值潜力，而有的收藏品却没有呢？

迈进收藏的乐园

“碧玉妆成一树高，万条垂下绿丝绦！”豆苞指着学校的一片柳树林，惊喜地告诉咪妮他的“新发现”。

咪妮一看，原本还是光秃秃的柳树枝，忽然在一夜之间都长出了嫩嫩的绿芽，整个柳树林仿佛披上了一层薄薄的绿纱，好看极了！

“太好啦，春天来了，春游也不远啦。”咪妮告诉豆苞，柳树和梨树、李树可是春天最早发芽的三种树。

咪妮盼呀盼，终于，学校组织全校师生，周末去位于近郊的湿地公园春游！

一大清早，咪妮由爸爸带着来到了学校。只见学校的停车场上一字排开，停着好几辆旅游大巴。班上的不少同学已经早早地来到了集合地点。

“孩子，到了公园可别顽皮，千万要听老师的话，遵守游园纪律。还要注意安全！”咪妮听到一位家长在给自己的孩子反复地叮嘱，“还有，同学之间要相互照顾，不要吵吵闹闹的。”

咪妮朝那个男孩瞧了瞧，那是邻班出了名的一位“顽皮大王”，怪不得他的爸爸老是不放心。

湿地公园真是好大好大啊！一进公园的大门，迎面就是一片绿茵茵的大草坪。

孩子们好奇地瞪大双眼，东瞧瞧西望望。他们很快又发现，这座公园背山面水，在公园的西面有座小山，而东面则是烟波荡漾的一条大江。

“同学们，快过来看呀，这里有一门大炮呢！”咪妮抬起头来循着声音传来的方向张望。原来是小胖在远处兴奋地挥舞着双手，高声地叫嚷着。

“哇，好威武呀！”咪妮和这些刚刚登上炮台山的同学不约而同地发出了赞叹声。在孩子们的面前耸立着一门火炮，那黑黝黝的炮口直指长江的入海口。

同学们绕着火炮走了一圈。最后，大家齐刷刷地站立在火炮正面竖立着的一块花岗岩纪念碑前。

豆苞指着纪念碑对周围的同学说："大家看，这上面有字！"原来，这里是我国清朝时期为了抵御外敌入侵而修建的一个古炮台的遗址。

正当大家七嘴八舌地议论时，突然又传来小胖的喊叫声："张老师，快带同学们到这里来呀！"

张老师抬起头来四处张望，发现小胖正站在不远处的一栋建筑物的大门前向大家连连招手。

于是，张老师带领着孩子们向那栋三层的小楼走去。

看见豆苞他们走了过来，小胖兴奋地指着门框上"民间收藏品博览"几个大字告诉大家："嗨，我刚刚先进去溜达了一会儿，里面有好多古代的兵器呢！"

豆苞和同学们紧跟着小胖走进了小楼。进入大厅以后，一位年轻的讲解员迎上前来，"欢迎同学们前来参观！我姓李，现在就由我来给大家介绍这里陈列着的各种展品以及它们背后的故事。"

小李阿姨介绍道，一层的各个展厅，展出的是古代和近代的各种兵器，这些兵器大多数是在这座古炮台以及周边收集到的。据专家考证，这些兵器大多数是清朝的官兵所使用过的，其中有红缨枪、弓箭、弩箭、牛尾刀，也有兵丁鸟枪以及抬枪等。

“这里陈列的兵器以及刚才你们在外面看到的那门火炮，都是当年抗击外国侵略者时曾经使用过的。”小李阿姨的解说栩栩如生，仿佛把所有在场的同学，带回到当年抗击外国侵略者，浴血奋战的烽火岁月。

参观完一层的各个展厅以后，小李阿姨说：“二楼和三楼是民间各种收藏品的展出，欢迎大家去看看。”

“火花与烟标展？”从邮票和钱币两个展厅出来以后，咪妮和丽丽以及其他几位同学来到了另外一间展厅的门口。看着展厅门口的标牌，咪妮觉得很费解。

小李阿姨赶忙走了过去，告诉大家：“火花就是贴在火柴盒上的商标。至于烟标嘛，也就是香烟盒。”

在展厅里，同学们一边观看，一边听小李阿姨的讲解。

小李阿姨说：“以前人们在日常生活中取火，往往离不开一盒小小的火柴。随着时代的进步，现在火柴的使用范围已经极大地缩小了，难怪你们许多同学都不知道。但是，由于不少火花小巧玲珑、印刷精美，再加上它们的题材广博，所以如今已成为许多人的一种业余收藏品。”小李阿姨看了看大家，又继续说道，“至于香烟盒嘛，同样也是由于它印制精美，图案丰富多彩，而且收集又很方便，所以也受到大众的喜爱，成为人们又一种收藏的对象。”

小李阿姨还特地强调：“同学们可千万不要小看了它们！

要知道，火花、烟标和你们熟知的邮票一起，历来被各国的收藏家所珍视，有些人还把它们称为‘世界三大收藏品’呢。”

小李阿姨还告诉同学们，三楼还有好几个展厅，里面陈列着来自民间的其他收藏品，其中包括连环画、年画、剪纸、刻纸、标本以及民间玩具等，内容都很精彩！

时光在不知不觉中流逝，返回市区的时间即将到了。同学们脸上满是收获的喜悦。

毛爷爷的知识小宝库

我们这里的收藏，专指一种出于对某些特定物品的爱好而进行搜集和保藏。收藏的物品可以是价值较高的古玩、玉器、字画等，可以是用动物、植物或者矿石等实物制成的标本，也可以是大众化的玩具、钱币、邮票，甚至是贴在火柴盒上的商标、香烟盒之类。

中华民族在漫长的历史进程中，创造了灿烂辉煌的物质文明和精神文明，也留下了无数的文化艺术瑰宝。

这些文化艺术瑰宝受到了人们的喜爱，其中不少被国家和民间所收藏。国家的收藏品如今大多保存在故宫博物院以及各地的博物馆里，也有一部分流落在海外。

无论是国家收藏还是民间收藏，传统的收藏品主要有青铜器、金银器、玉器瓷器、邮票、钱币、书籍以及字画等。

而在当今，收藏品的种类更是日趋广泛。特别是民间的收藏，一些日常用品和书房用品、民间艺术品，甚至一些被人们认为无用的“废物”，如算盘、农具、旧唱片、年画、火花、香烟盒、连环画、玩具以及请柬等都已成为人们的收藏品。

这些藏品蕴含着政治、经济、历史、文化、艺术和自然等多方面丰富的内涵，所以参加收藏活动可以增长知识，陶冶情操。

然而，你知道吗？收藏还是理财的一种方式。收藏作为一种理财方式有着悠久的历史，远早于参加储蓄、购买股票或基金等。所以，参加收藏是一举两得的有益之举。

对我们少年儿童来说，参加收藏活动的目的主要在于增长知识、陶冶情操。这是因为，一件珍贵的收藏品其价格昂贵，收藏它所需要的资金，是我们少年儿童很难承担的。何况，如何辨别一件价格高昂的藏品的真伪，常人根本无法企及。所以，我们应该根据自己的爱好和目前所具备的条件，在日常生活中收集一些不需要花费太多的资金甚至不需要花钱的收藏品，收藏它们同样很有意义和价值。

对于我们少年儿童来说，具有收藏意义和价值的东西很多，包括大家熟知的玩具、邮票、钱币等。当然，我们还可以收藏自己动手精心制作的昆虫标本或者植物标本等。

1. 选择一种自己喜欢而且具备收藏条件的收藏品开始自己的收藏。

2. 做个计划，看看需要多长时间，可以在学校举办一个小小的藏品主题展？

后记　毛爷爷的话

亲爱的小朋友，你们好！我是毛爷爷，就是故事里豆苞的爷爷的原型。

毛爷爷也有年轻的时候。我从小就喜欢读书。除了认真上课，回家做完作业就到处找书看。记得当时出版社的叔叔阿姨们专门为我们小朋友编辑出版了好多好看的书。这些书激励我们要向书里的英雄模范人物学习，长大以后做个对国家有用的人；这些书还使我们知道了许多在课堂里没有学到的有用的知识。

所以爷爷我呀，后来当上了老师，除了上好课外，我也喜欢给小朋友写书。小朋友呢，也喜欢看我写的书。

现在，爷爷我退休了，出版社的叔叔阿姨闻讯跑来找我。他们说："老师，现在您有时间了，请您继续为小朋友们写些书吧！"

是啊，你们都是祖国的花朵，爸爸妈妈、爷爷奶奶、外公外婆的宝贝疙瘩。为了你们的健康成长，爷爷我，是应该继续给孩子们写些东西了！

你现在看到的这本书，是《咪妮和豆苞的故事》系列丛书的第二本书。系列丛书的第一本书，书名叫作《咪妮和豆苞的故事——安全防范从小做起》。

在第一本书里，毛爷爷我给小朋友们讲了如何识别在我们周围可能存在的自然灾害与意外事故的风险，此外还牵涉到了金融理财方面的一些风险。当然，更重要的是，毛爷爷我是要告诉小朋友们，面对这些可能遇到的风险，如何预先做好防范，在万一发生了风险事故的情况下，又该如何应对。因此，有不少小读者的家长告诉我，“你这本书是帮助孩子们规避风险的行动指南！”

那么，作为《咪妮和豆苞的故事》系列丛书的第二本书，这本《咪妮和豆苞的故事——做个小小理财家》，爷爷我又想在书里向小朋友们说些什么呢？

记得有位教育专家曾经说过：“财经素养是

现代公民所必需的素养，具有基本财经素养的学生成年后能更好地保护和增加个人的家庭财富，更有利国家的经济和金融稳定。”

所以爷爷我呀，就试图通过《咪妮和豆苞的故事——做个小小理财家》这本书，向你们介绍金融及理财方面的常识，帮助小朋友们树立正确的财富观，提升你们的财经素养，并帮助小朋友们在日常生活中养成勤俭节约的好习惯，指导你们尝试理财的实践活动。

我在策划和撰写《咪妮和豆苞的故事——做个小小理财家》这本书的过程中，始终得到了少年儿童出版社的领导和编辑们的热情支持，他们帮我出了好多好多的金点子。

我在策划和撰写本书的过程中，还得到了中国人民银行上海市分行原行长毛应梁、陆家嘴-外滩金融城研究院院长史忠正、上海市银行博物馆馆长徐宝明、泰康人寿上海分公司副总经理李漪等金融界领导和专家学者的热情鼓励及大力支持。徐宝明馆长、李漪副总经理以及上海证券有限责任公司临平路证券营业部理财经理王晓民、中国平安财产保险有限公司上海市徐汇支公司副总经理黄斌旺、中国工商银行上海市四平路支行理财经理马雯玮、交通银行上海虹口支行理财经理曹书怡等，在百忙之中仔细审阅了本书的部分相关内容，并提出了不少宝贵的意见和建议。

我在策划和撰写本书的过程中，还得到了我的妻子黄薇薇女士以及儿孙们的热情鼓励和全力支持。特别是我的两位可爱的孙子和孙女，他们作为书中的两位小主角豆苞和咪妮在生活中的原型以及第一读者，以孩子特有的视野，给爷爷我提出了许许许多多宝贵的意见。

如果没有以上那么多人的支持和鼓励，本书是无法顺利创作完成的！

谨此致谢！

毛爷爷我还要感谢你们和你们的家长，是你们选择了我！希望你们喜欢这本书，更希望你们能像书中的咪妮和豆苞一样，快快乐乐地健康成长！

你们可能会问："爷爷，如果看了这本书以后，我们对书中有些地方还是不很明白，您能不能进一步给我们做解释啊？"作为老师的我，自然非常乐意和小朋友成为"忘年交"！对于书中提到的事，如果你们确实还有不明白的地方，完全可以通过少年儿童出版社的叔叔阿姨和我联系；也可以通过电子邮箱直接和我联系。我的邮箱地址为maoyeye2018@126.com。

谢谢大家！

毛爷爷

2022年6月1日于上海

图书在版编目(CIP)数据

咪妮和豆苞的故事:做个小小理财家/毛之价著. —
上海:少年儿童出版社,2023.9
ISBN 978-7-5589-1725-7

Ⅰ.①咪… Ⅱ.①毛… Ⅲ.①财务管理—少儿读
物 Ⅳ.①TS976.15-49

中国国家版本馆CIP数据核字(2023)第142887号

咪妮和豆苞的故事——做个小小理财家

毛之价 著

章金昇 装帧

出版人 冯　杰
责任编辑 卢　漪 徐清扬　策划编辑 李　蓉　美术编辑 章金昇
责任校对 陶立新　技术编辑 谢立凡

出版发行 上海少年儿童出版社有限公司
地址 上海市闵行区号景路159弄B座5-6层　邮编 201101
印刷 苏州市越洋印刷有限公司
开本 720×980　1/16　印张13　字数114千字
2023年9月第1版　　2023年9月第1次印刷
ISBN 978-7-5589-1725-7 / G · 3756
定价39.00元

版权所有　侵权必究